1권

초등학교 3~4학년

1권

초등학교 3~4학년

WRITERS

미래엔콘텐츠연구회

No.1 Content를 개발하는 교육 전문 콘텐츠 연구회

COPYRIGHT

인쇄일 2025년 11월 11일(1판7쇄)
발행일 2022년 11월 1일

펴낸이 신광수
펴낸곳 ㈜미래엔
등록번호 제16-67호

융합콘텐츠개발실장 황은주
개발책임 정은주
개발 장혜승, 박지민, 이유진, 박새연

디자인실장 손현지
디자인책임 김병석
디자인 이진희

CS본부장 강윤구
CS지원책임 강승훈

ISBN 979-11-6841-398-6

머리말

새연이의 몸무게는 30.8 kg이에요.

혜승이는 오늘 우유 0.5 L를 마셨어요.

지민이는 1.2 km를 달렸어요.

30.8, 0.5와 같은 수는 소수예요.

소수는 생긴 모양이 자연수와 달라서 친구들이 어려워하지만
생활 주변에서 많이 쓰이는 수들이에요.
그래서 개념을 정확하게 알고 사용해야 해요.

하루 한장 쏙셈 소수는
교과서에서 다루는 소수 내용만 쏙 뽑아
개념을 쉽게 정리하고 문제를 알차게 넣었어요.
우리 친구들이 하루 한장 쏙셈 소수를 통해
수학이 재미있어지고 실력도 한층 성장하길 바랍니다.

하루 한장 쏙셈 **소수**

구성과 특징

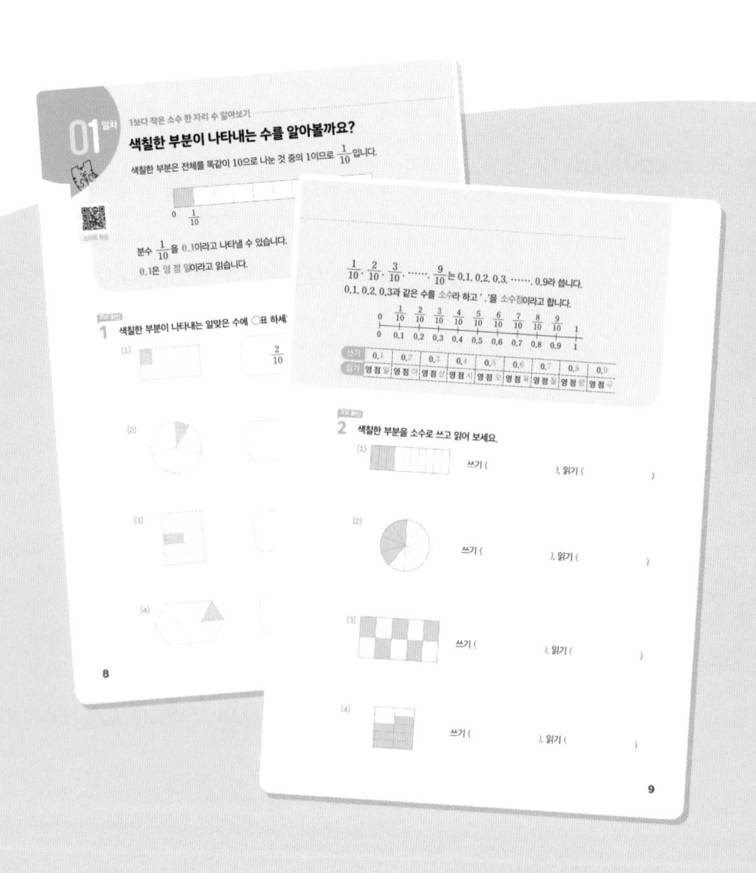

개념 학습

기본 개념 익히기

- 학습 내용을 그림이나 도형 등을 이용해 시각적으로 표현하여 이해를 돕습니다.
- 개념 확인 문제를 풀면서 학습 개념을 익힙니다.
- 스마트 학습을 통해 조작 활동을 하며 개념을 효과적으로 이해할 수 있습니다.

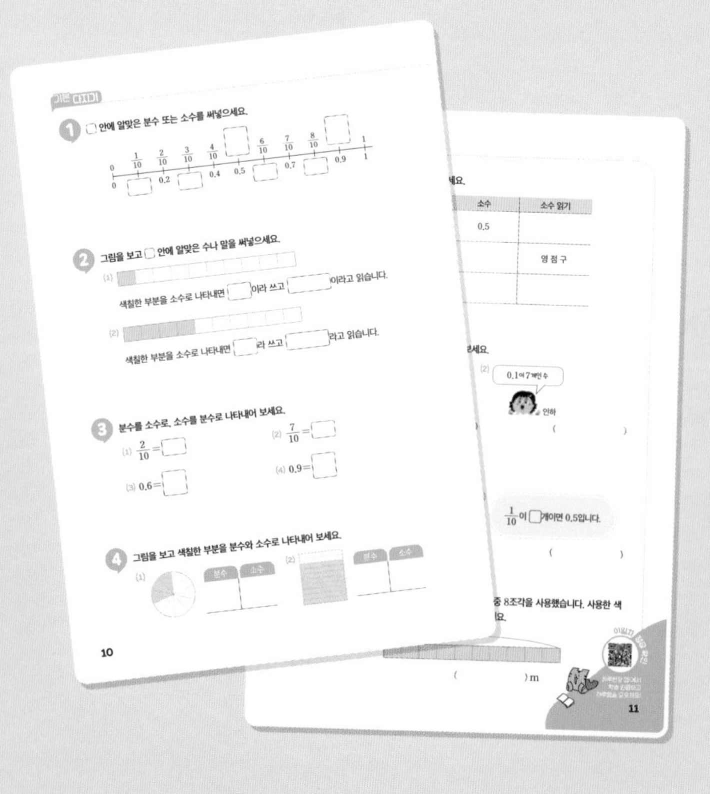

기본 다지기

다양한 유형의 문제 풀기

- 학습한 개념을 다질 수 있는 다양한 유형의 문제를 풀어 봅니다.
- 문장제 문제를 풀면서 응용력을 기를 수 있습니다.
- QR코드를 찍어 직접 풀이를 보며 정답을 확인할 수 있습니다.

『하루 한장 쏙셈 소수』로

이렇게 학습해요!

1

어려운 개념을 쉽게!

많은 학생들이 자연수와는 다른 형태의 소수를 어려워합니다.
『하루 한장 쏙셈 소수』는 어려운 개념을 그림으로 설명하고 스마트 학습을 통해 직접 조작하며 쉽게 이해할 수 있습니다.

2

연결된 개념을 집중적으로!

소수는 3~6학년에 걸쳐 배우므로 앞에서 배운 내용을 잊어버리기도 합니다.
『하루 한장 쏙셈 소수』는 소수의 개념과 연산을 연결하여 집중적으로 학습할 수 있습니다.

3

중학 수학의 기초를 탄탄하게!

초등 과정의 소수는 중학교에서 배우는 유리수, 문자와 식 등으로 연계됩니다.
『하루 한장 쏙셈 소수』는 기본 실력을 탄탄하게 키워 중학교 수학도 거뜬하게 해결할 수 있습니다.

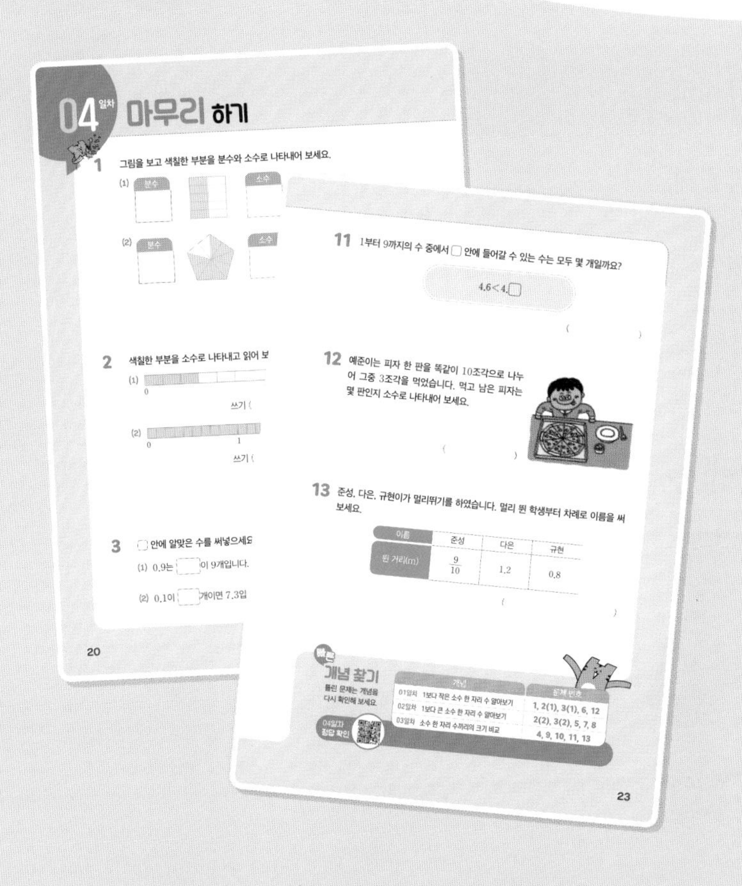

마무리 하기

배운 내용 점검하기

- 배운 내용을 정리하고 얼마나 잘 이해하였는지 점검해 봅니다.
- 응용된 문제를 풀면서 수학적 사고력을 키울 수 있습니다.
- 틀린 문제는 개념을 다시 확인하여 부족한 부분을 되짚어 볼 수 있도록 안내합니다.

하루 한장 쏙셈
소수

차례

1장

소수 알아보기

소수의 덧셈과 뺄셈

분수·소수의 개념 원리를 재미있게 배울 수 있어요!

- 자르고 색칠하고 이동하는 조작 활동을 통해 개념을 이해해요.
- 개념 학습에서 이해한 원리를 적용하여 문제를 풀이해요.

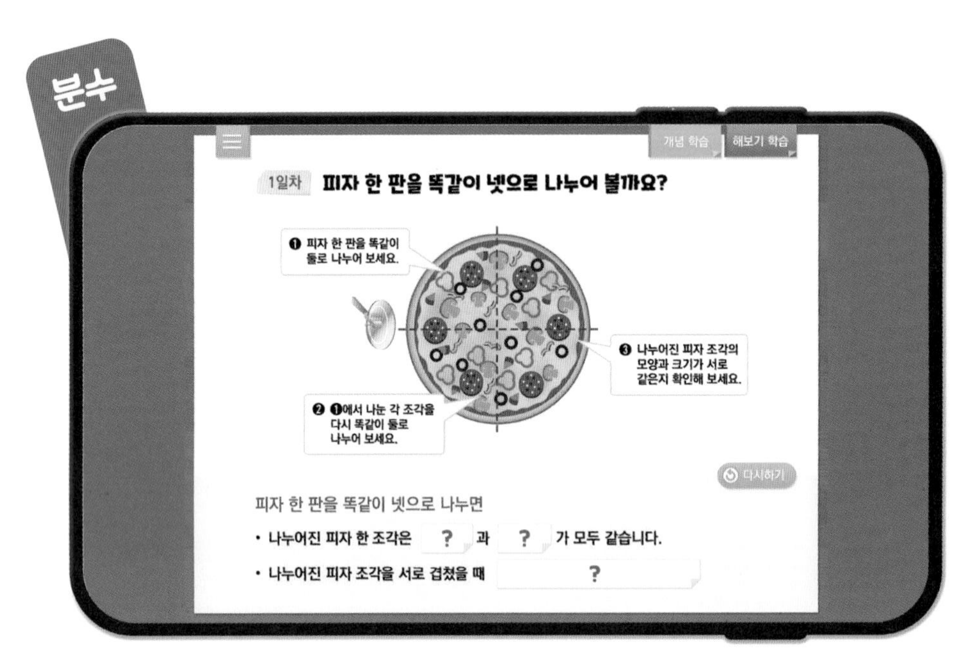

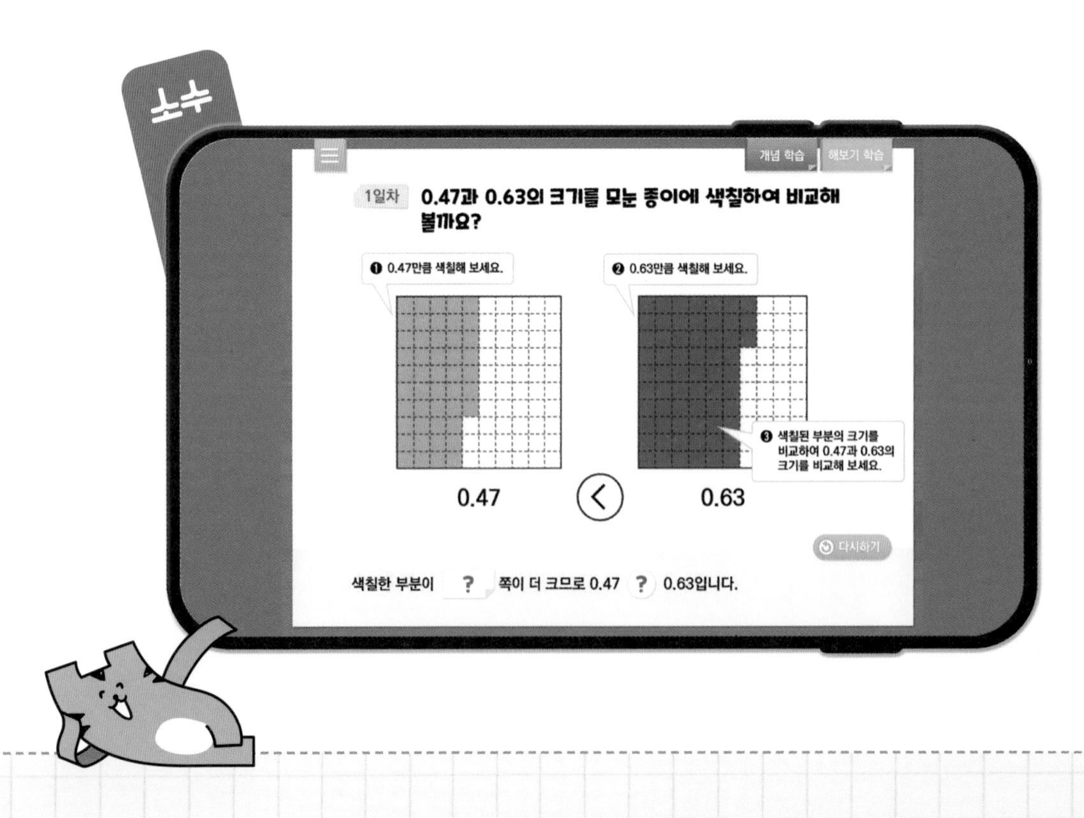

1장

소수 알아보기

공부 계획

01일차	1보다 작은 소수 한 자리 수 알아보기	월	일
02일차	1보다 큰 소수 한 자리 수 알아보기	월	일
03일차	소수 한 자리 수끼리의 크기 비교	월	일
04일차	마무리 하기	월	일
05일차	소수 두 자리 수 알아보기	월	일
06일차	소수 두 자리 수에서 각 자리의 숫자 알아보기	월	일
07일차	소수 세 자리 수 알아보기	월	일
08일차	소수 세 자리 수에서 각 자리의 숫자 알아보기	월	일
09일차	소수의 크기 비교	월	일
10일차	소수 사이의 관계	월	일
11일차	마무리 하기	월	일

색칠한 부분이 나타내는 수를 알아볼까요?

색칠한 부분은 전체를 똑같이 10으로 나눈 것 중의 1이므로 $\frac{1}{10}$입니다.

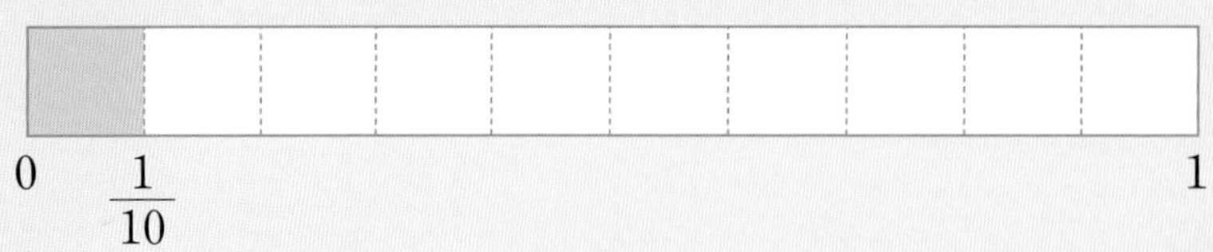

스마트 학습

분수 $\frac{1}{10}$을 **0.1**이라고 나타낼 수 있습니다.

0.1은 **영 점 일**이라고 읽습니다.

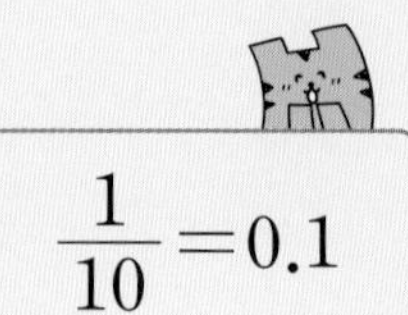

$\frac{1}{10}=0.1$

개념 확인

1 색칠한 부분이 나타내는 알맞은 수에 ○표 하세요.

(1) 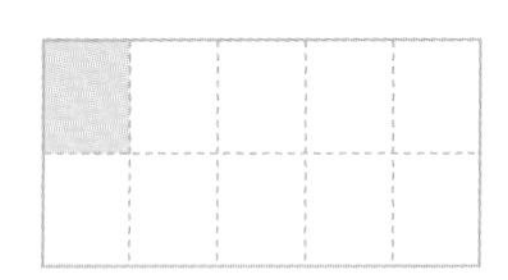

$\frac{2}{10}$ $\frac{1}{10}$ $\frac{4}{10}$ $\frac{10}{10}$

(2) 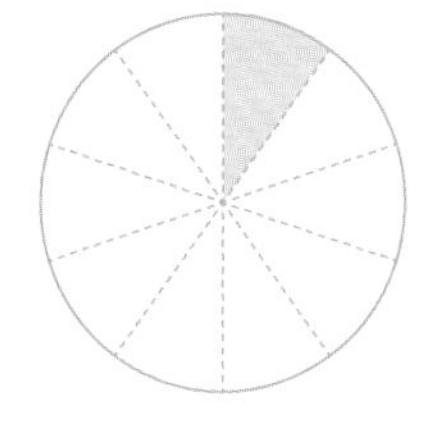

0.3 0.5 0.1 0.7

(3) 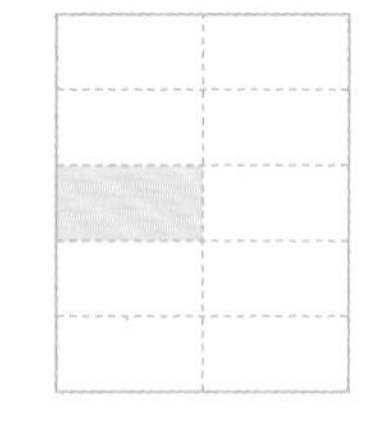

1.1 $\frac{3}{10}$ 0.4 $\frac{1}{10}$

(4)

$\frac{1}{100}$ 0.1 $\frac{11}{10}$ 0.01

$\frac{1}{10}$, $\frac{2}{10}$, $\frac{3}{10}$, ……, $\frac{9}{10}$는 0.1, 0.2, 0.3, ……, 0.9라 씁니다.

0.1, 0.2, 0.3과 같은 수를 **소수**라 하고 ' . '을 **소수점**이라고 합니다.

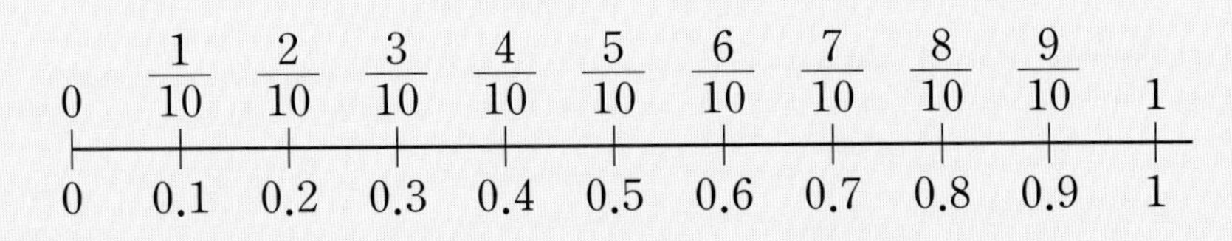

쓰기	0.1	0.2	0.3	0.4	0.5	0.6	0.7	0.8	0.9
읽기	영 점 일	영 점 이	영 점 삼	영 점 사	영 점 오	영 점 육	영 점 칠	영 점 팔	영 점 구

개념 확인

2 색칠한 부분을 소수로 쓰고 읽어 보세요.

(1) 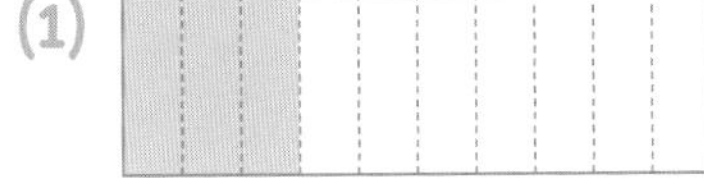

쓰기 (   ), 읽기 (   )

(2) 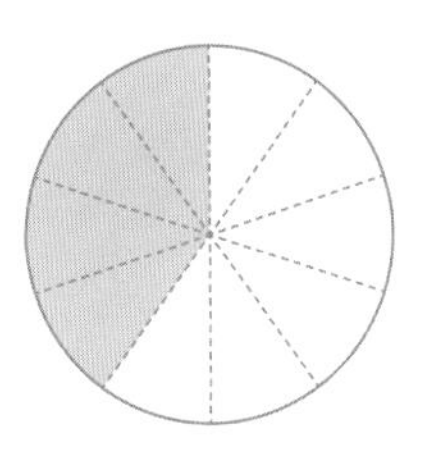

쓰기 (   ), 읽기 (   )

(3) 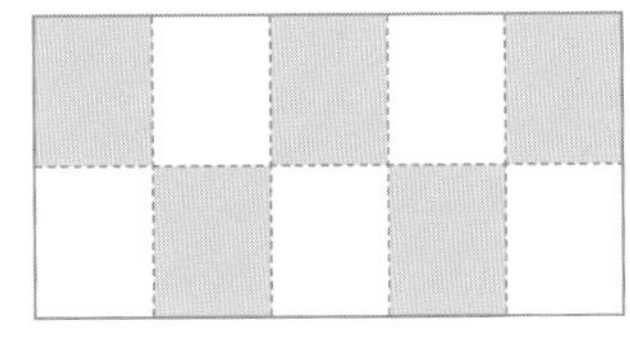

쓰기 (   ), 읽기 (   )

(4) 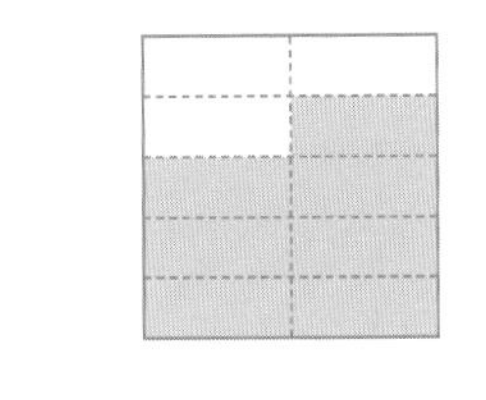

쓰기 (   ), 읽기 (   )

1 ▢ 안에 알맞은 분수 또는 소수를 써넣으세요.

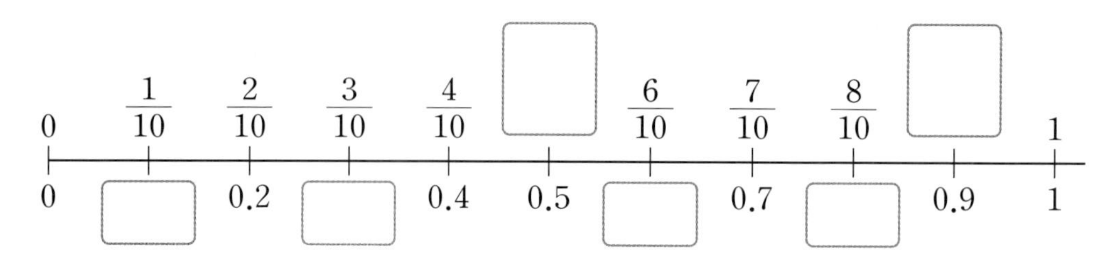

2 그림을 보고 ▢ 안에 알맞은 수나 말을 써넣으세요.

(1)

색칠한 부분을 소수로 나타내면 ▢이라 쓰고 ▢이라고 읽습니다.

(2)

색칠한 부분을 소수로 나타내면 ▢라 쓰고 ▢라고 읽습니다.

3 분수를 소수로, 소수를 분수로 나타내어 보세요.

(1) $\frac{2}{10}=$ ▢

(2) $\frac{7}{10}=$ ▢

(3) $0.6=$ ▢

(4) $0.9=$ ▢

4 그림을 보고 색칠한 부분을 분수와 소수로 나타내어 보세요.

(1)

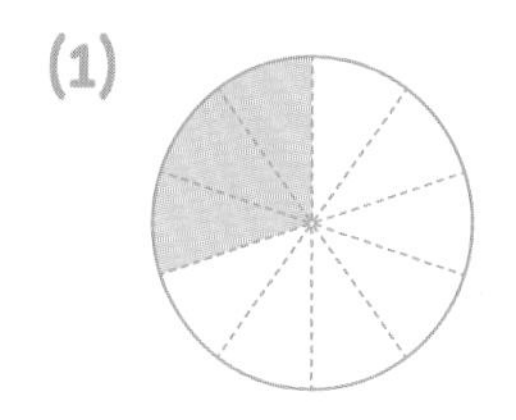

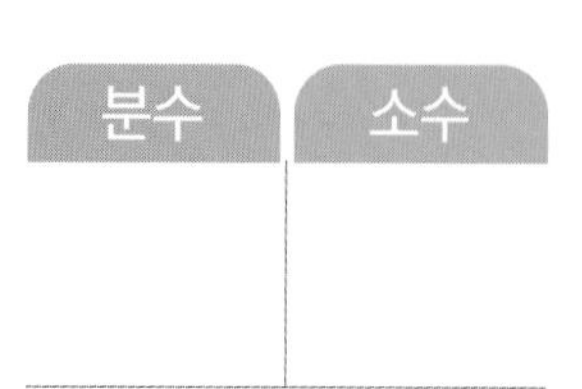

(2)

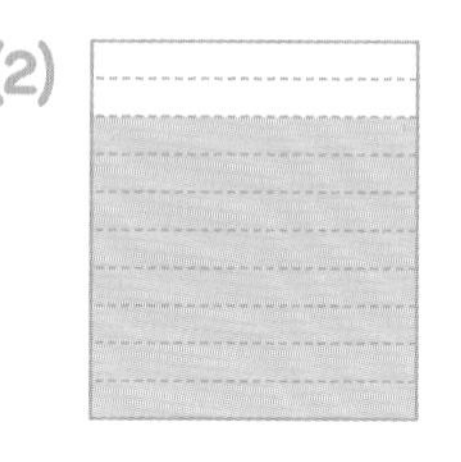

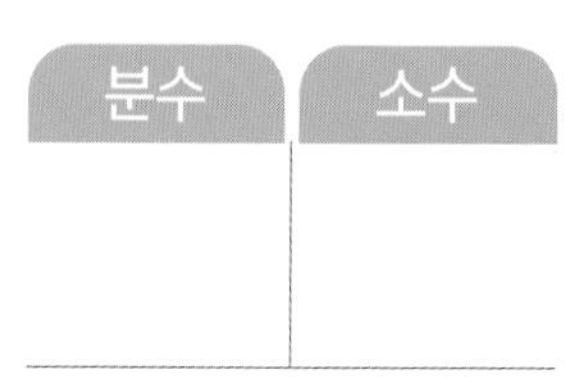

5 빈칸에 알맞은 수나 말을 써넣으세요.

분수	소수	소수 읽기
$\frac{5}{10}$	0.5	
		영 점 구
$\frac{6}{10}$		

6 준호와 인하가 말하는 수를 소수로 써 보세요.

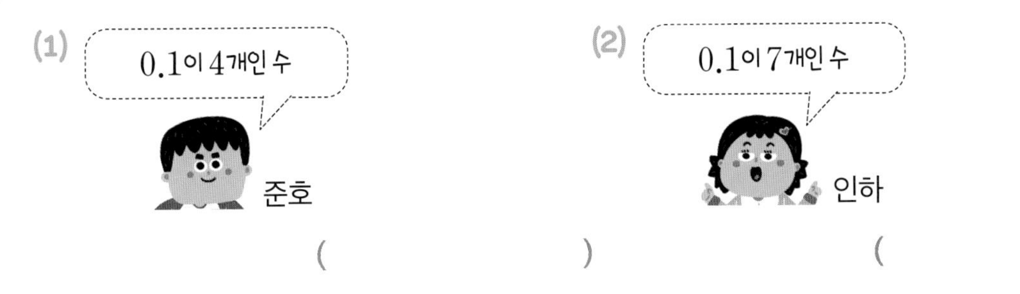

( ) ( )

7 ▢ 안에 알맞은 수를 구해 보세요.

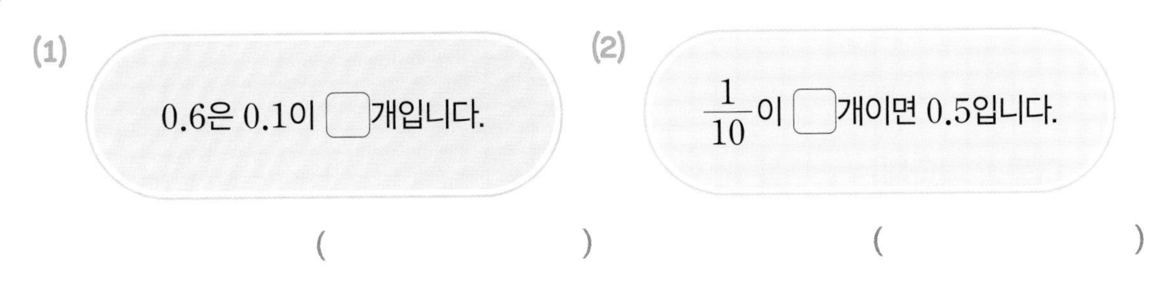

( ) ( )

8 색 테이프 1 m를 똑같이 10조각으로 나누어 그중 8조각을 사용했습니다. 사용한 색 테이프의 길이는 몇 m인지 소수로 나타내어 보세요.

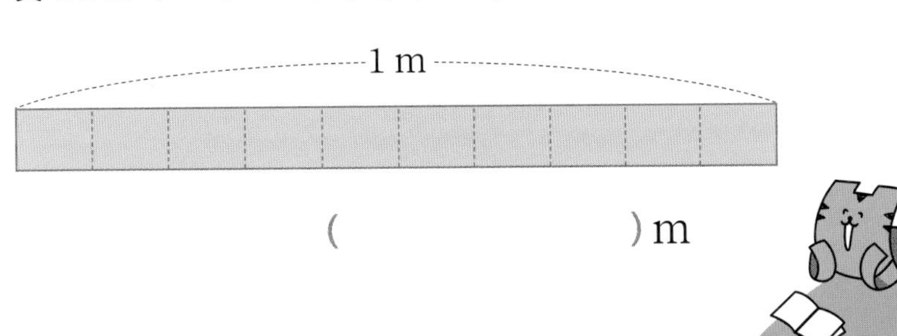

( ) m

이일차 정답 확인

하루한장 앱에서 학습 인증하고 하루템을 모으세요!

막대의 길이는 몇 cm인지 소수로 나타내어 볼까요?

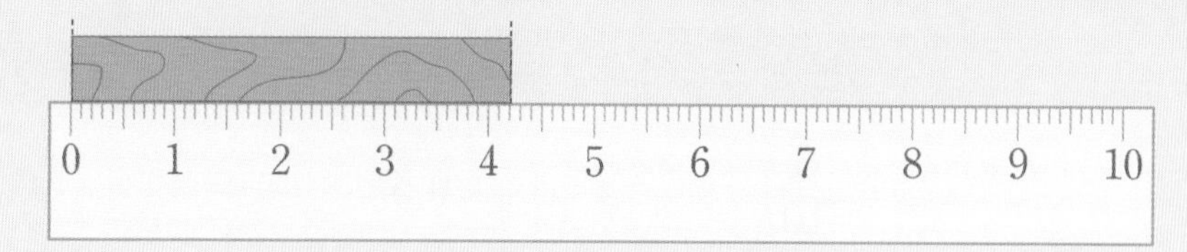

스마트 학습

막대의 길이는 4 cm보다 2 mm 더 깁니다.

1 mm$=\frac{1}{10}$ cm$=$0.1 cm이므로 2 mm$=\frac{2}{10}$ cm$=$0.2 cm입니다.

막대의 길이는 4 cm와 0.2 cm이므로 4.2 cm입니다.

→ 4와 0.2만큼을 4.2라 쓰고 사 점 이라고 읽습니다.

개념 확인

1 색 테이프의 길이는 몇 cm인지 소수로 써 보세요.

(1)

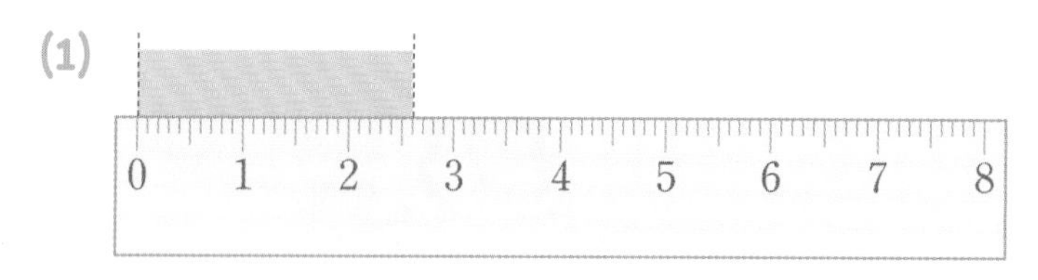

(　　　　　　　　) cm

(2)

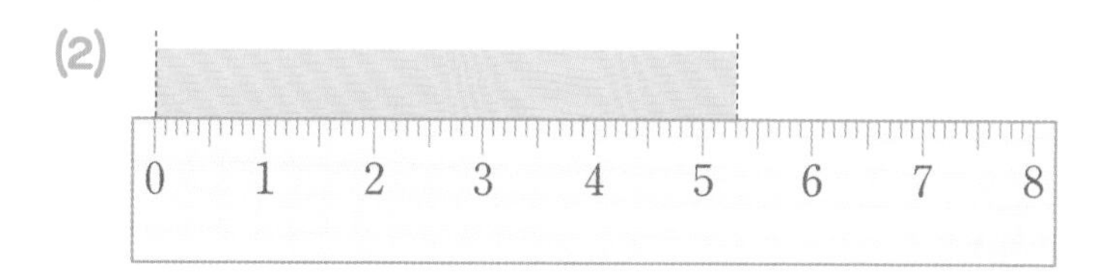

(　　　　　　　　) cm

개념 확인

2 다음이 나타내는 소수를 써 보세요.

(1) 5와 0.8만큼의 수

(　　　　　　　　)

(2) 6과 0.3만큼의 수

(　　　　　　　　)

(3) 11과 0.2만큼의 수

(　　　　　　　　)

색칠한 부분을 소수로 나타내어 볼까요?

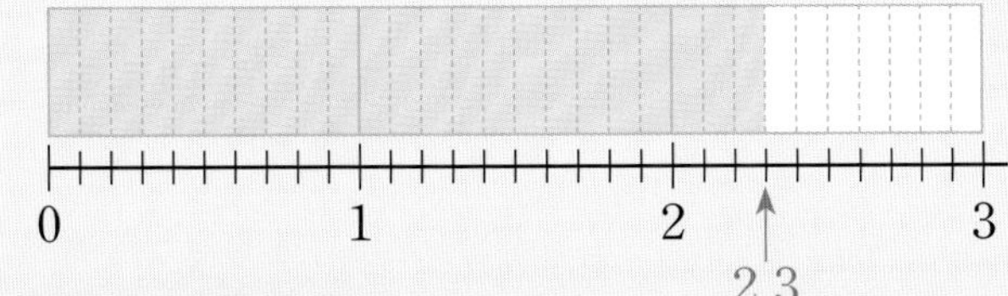

스마트 학습

색칠한 부분은 0.1이 23개입니다.

색칠한 부분을 소수로 나타내면 2와 0.3만큼이므로 2.3입니다.

➔ 0.1이 23개이면 2.3이라 쓰고 이 점 삼이라고 읽습니다.

➔ 소수 2.3은 1이 2개, 0.1이 3개인 수라고도 할 수 있습니다.

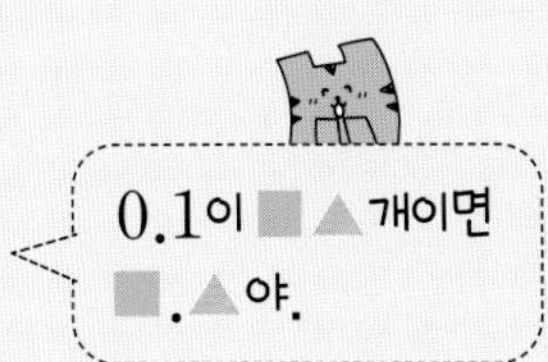

개념 확인

3 색칠한 부분을 소수로 쓰고 읽어 보세요.

(1)

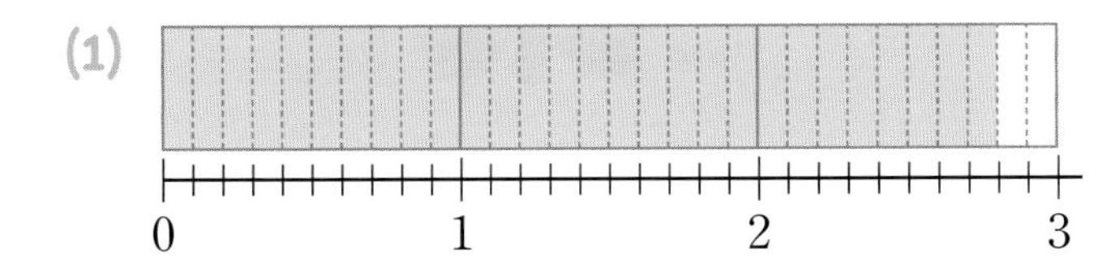

쓰기 (   )

읽기 (   )

(2)

0 1 2

쓰기 (   )

읽기 (   )

(3)

0 1 2 3 4 5

쓰기 (   )

읽기 (   )

(4)

0 1 2 3 4 5

쓰기 (   )

읽기 (   )

1 소수로 쓰고 읽어 보세요.

(1) 1과 0.5만큼의 수

쓰기 (　　　　　　)

읽기 (　　　　　　)

(2) 6과 $\frac{8}{10}$ 만큼의 수

쓰기 (　　　　　　)

읽기 (　　　　　　)

2 곤충의 길이를 소수로 나타내어 보세요.

(1)

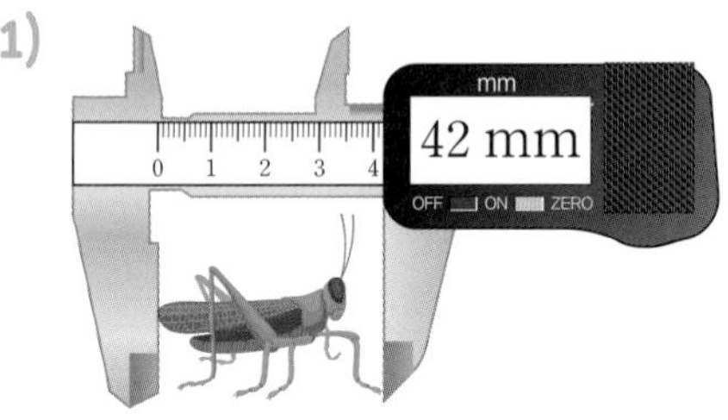

42 mm = ☐ cm

(2)

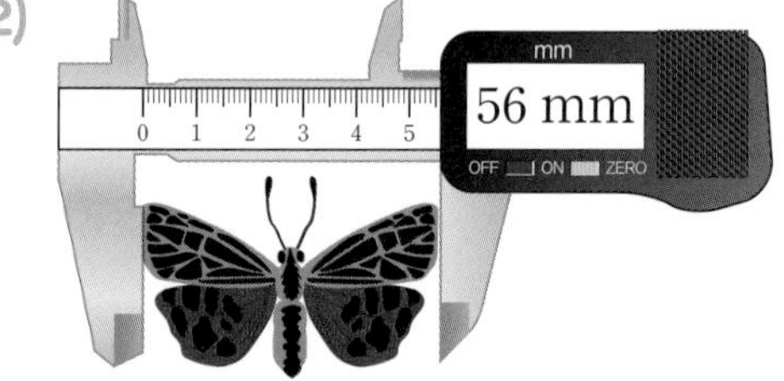

56 mm = ☐ cm

3 ── 부분을 소수로 나타내어 보세요.

(1)

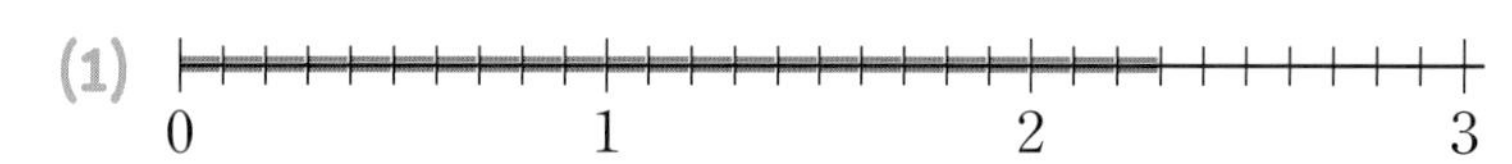

(　　　　　　)

(2)

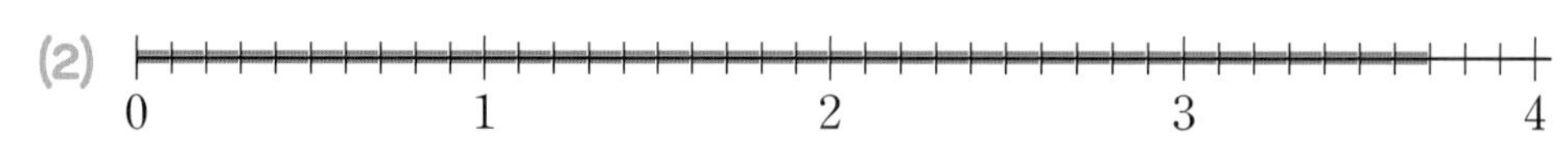

(　　　　　　)

4 ☐ 안에 알맞은 소수를 써넣으세요.

(1) 1 cm 8 mm = ☐ cm

(2) 3 cm 4 mm = ☐ cm

(3) 29 mm = ☐ cm

(4) 65 mm = ☐ cm

5 관계있는 것끼리 이어 보세요.

0.1이 72개 •	• 7.2 •	• 이 점 칠
0.1이 27개 •	• 7.6 •	• 칠 점 이
0.1이 76개 •	• 2.7 •	• 칠 점 육

6 □ 안에 알맞은 수를 써넣으세요.

(1) 0.1이 49개이면 □입니다.

(2) □이 53개이면 5.3입니다.

(3) 2.8은 0.1이 □개입니다.

(4) 6.6은 □이 66개입니다.

7 ㉠과 ㉡에 알맞은 수를 각각 구해 보세요.

- $\frac{1}{10}$이 37개인 수는 ㉠입니다.
- 9.8은 $\frac{1}{10}$이 ㉡개인 수입니다.

㉠ ( ), ㉡ ( )

8 재민이의 발 길이는 몇 cm인지 구해 보세요.

( ) cm

03 일차

0.4와 0.7의 크기를 비교해 볼까요?

방법 1 그림을 그려 비교하기

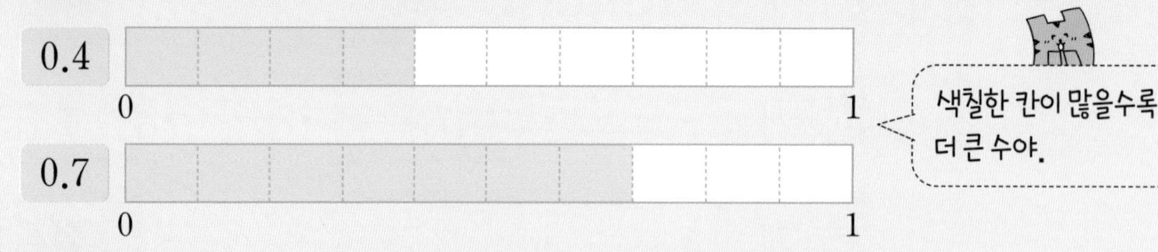

색칠한 칸이 0.7이 0.4보다 더 많으므로 **0.4 < 0.7**입니다.

방법 2 0.1의 개수로 비교하기

0.4는 0.1이 4개, 0.7은 0.1이 7개입니다.
0.1의 개수를 비교하면 **4 < 7**이므로 **0.4 < 0.7**입니다.

0.1의 개수가 더 많은 수가 더 커.

개념 확인

1 그림을 보고 ◯ 안에 >, =, <를 알맞게 써넣으세요.

(1)

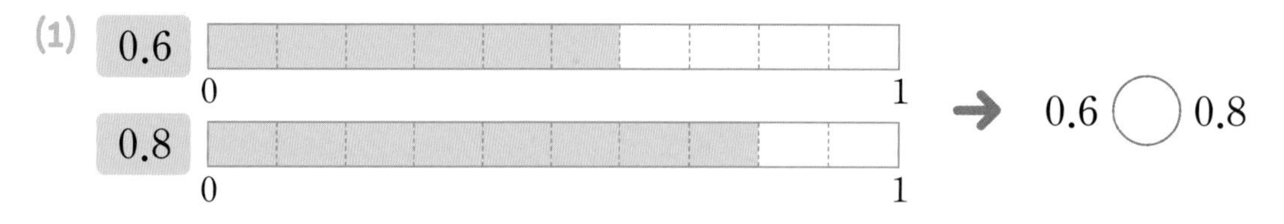

→ 0.6 ◯ 0.8

(2)

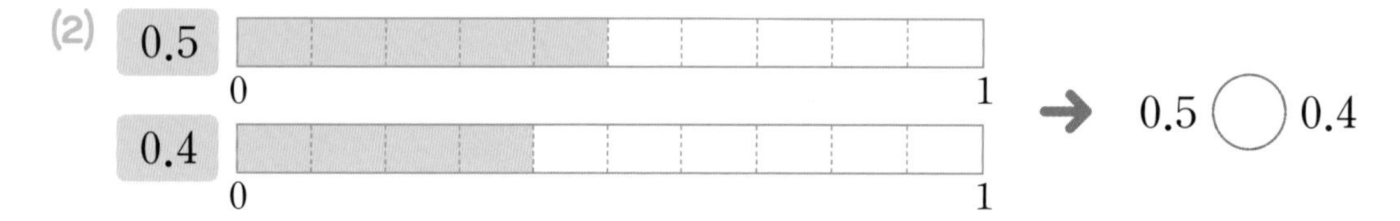

→ 0.5 ◯ 0.4

개념 확인

2 □ 안에는 알맞은 수를, ◯ 안에는 >, =, <를 알맞게 써넣으세요.

(1) 0.9는 0.1이 □개, 0.8은 0.1이 □개이므로 0.9 ◯ 0.8입니다.

(2) 0.2는 0.1이 □개, 0.5는 0.1이 □개이므로 0.2 ◯ 0.5입니다.

(3) 0.4는 0.1이 □개, 0.6은 0.1이 □개이므로 0.4 ◯ 0.6입니다.

3.5와 4.2, 3.5와 3.2의 크기를 각각 비교해 볼까요?

- **3.5와 4.2의 크기 비교**

소수점 왼쪽의 수를 비교해 보면 3<4이므로 3.5<4.2입니다.

└ 자연수의 크기가 큰 소수가 더 큽니다.

- **3.5와 3.2의 크기 비교**

❶ 소수점 왼쪽의 수를 비교해 보면 3=3으로 같습니다.

❷ 소수점 오른쪽의 수를 비교해 보면 5>2이므로 3.5>3.2입니다.

참고 소수의 크기를 비교하는 방법

① 소수점 왼쪽의 수의 크기부터 비교합니다. 소수점 왼쪽의 수의 크기가 큰 소수가 더 큽니다.

② 소수점 왼쪽의 수의 크기가 같으면 소수점 오른쪽의 수의 크기를 비교합니다.

개념 확인

3 두 수의 크기를 비교하여 더 큰 수에 ○표 하세요.

(1) 1.6 | 0.4

(2) 8.5 | 9.2

(3) 11.4 | 12.3

(4) 6.7 | 7.6

(5) 14.3 | 13.9

(6) 4.8 | 4.9

(7) 20.4 | 20.2

(8) 43.5 | 43.1

기본 다지기

1 소수의 크기만큼 색칠하고 ◯ 안에 >, =, <를 알맞게 써넣으세요.

(1)

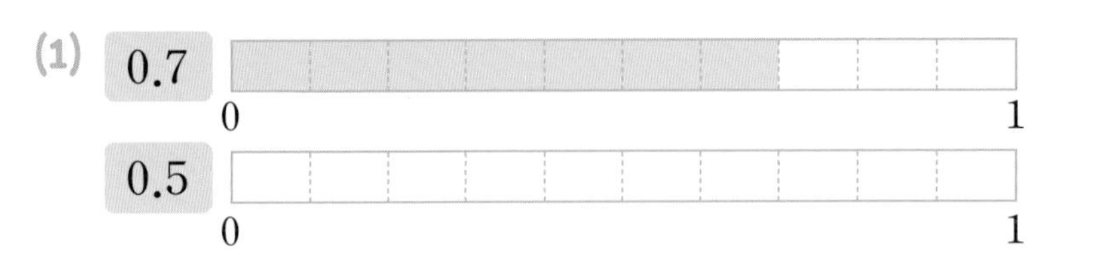

0.7 ◯ 0.5

(2)

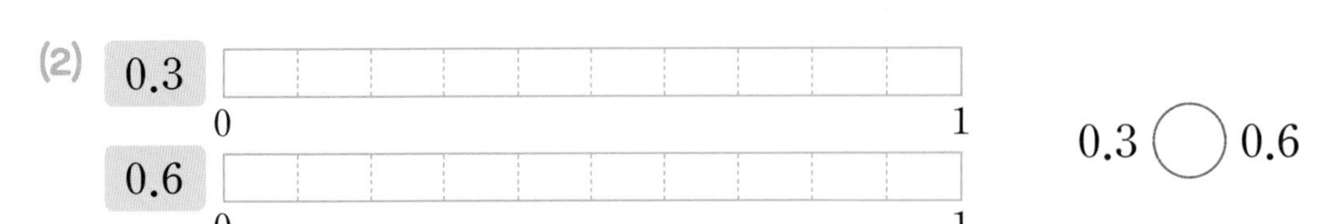

2 소수의 크기만큼 수직선에 나타내고 ◯ 안에 >, =, <를 알맞게 써넣으세요.

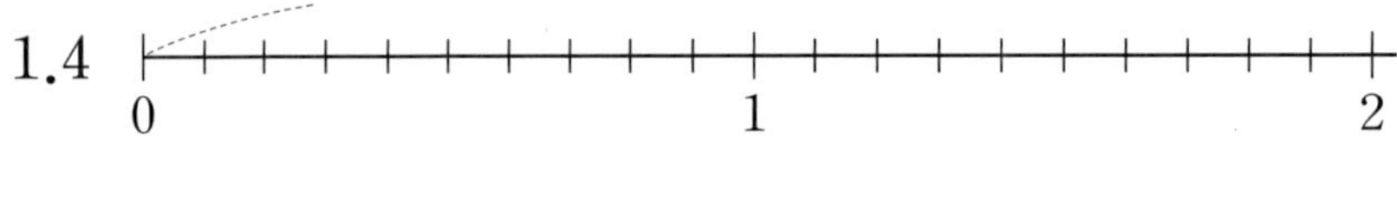

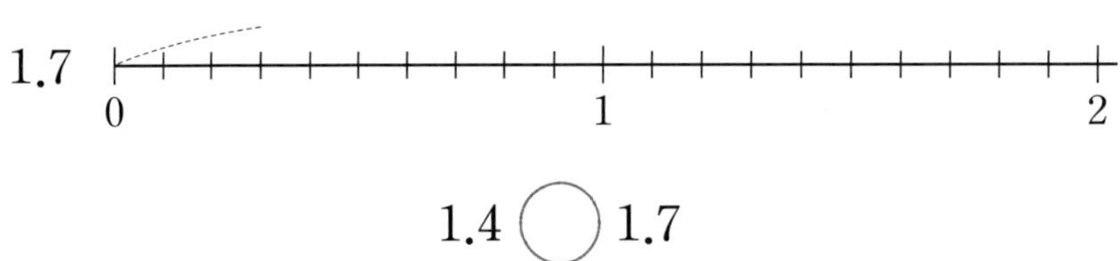

1.4 ◯ 1.7

3 두 소수의 크기를 비교하여 ◯ 안에 >, =, <를 알맞게 써넣으세요.

(1) 0.2 ◯ 0.6

(2) 8.3 ◯ 7.9

(3) 4.5 ◯ 5.4

(4) 2.9 ◯ 2.7

4 두 소수의 크기를 비교하여 빈 곳에 더 작은 수를 써넣으세요.

(1)

5.3	3.8

(2)

7.8	7.4

5 가장 큰 수를 찾아 써 보세요.

(1) 2.8　5.1　3.9

(　　　　　)

(2) 6.1　4.9　6.4

(　　　　　)

6 더 작은 수를 말한 사람의 이름을 써 보세요.

(　　　　　)

7 9.2보다 큰 수에 모두 ○표 하세요.

8.9　10.1　2.9　9.8

8 선물을 포장하는 데 지은이와 진영이는 다음과 같이 색 테이프를 사용했습니다. 누가 색 테이프를 더 많이 사용했는지 구해 보세요.

지은: 색 테이프 1.6 m를 사용했어요.

진영: 색 테이프 1.4 m를 사용했어요.

(　　　　　)

04 일차 마무리 하기

1 그림을 보고 색칠한 부분을 분수와 소수로 나타내어 보세요.

(1)  

(2)  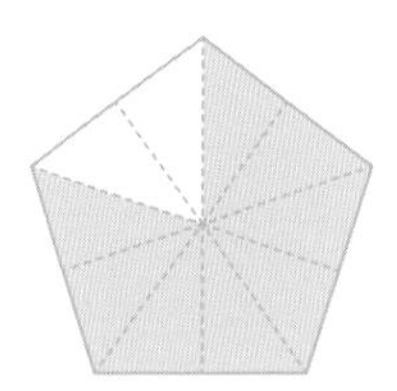 

2 색칠한 부분을 소수로 나타내고 읽어 보세요.

(1) 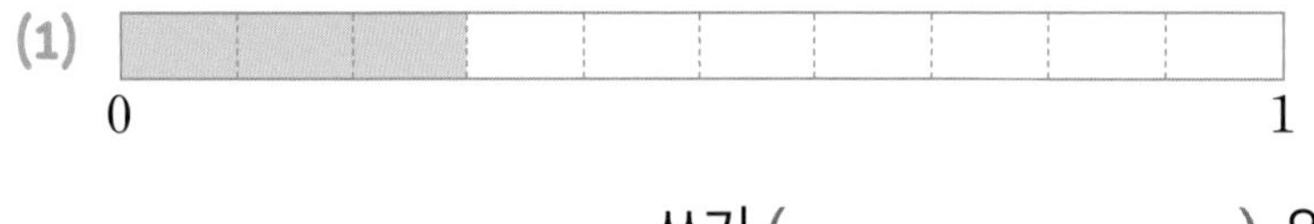

쓰기 ( ), 읽기 ( )

(2) 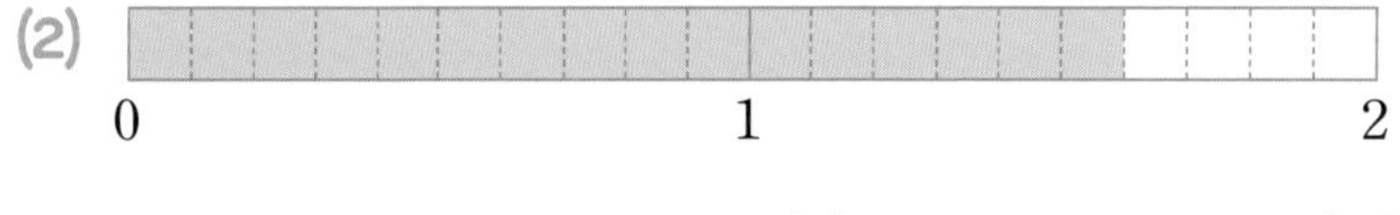

쓰기 ( ), 읽기 ( )

3 ☐ 안에 알맞은 수를 써넣으세요.

(1) 0.9는 ☐이 9개입니다.

(2) 0.1이 ☐개이면 7.3입니다.

4 크기를 비교하여 ◯ 안에 >, =, <를 알맞게 써넣으세요.

(1) 3.5 ◯ 3과 0.6만큼의 수

(2) 8과 0.4만큼의 수 ◯ 7.9

(3) 1.6 ◯ 0.1이 21개인 수

5 머리핀의 길이를 소수로 나타내어 보세요.

(1)

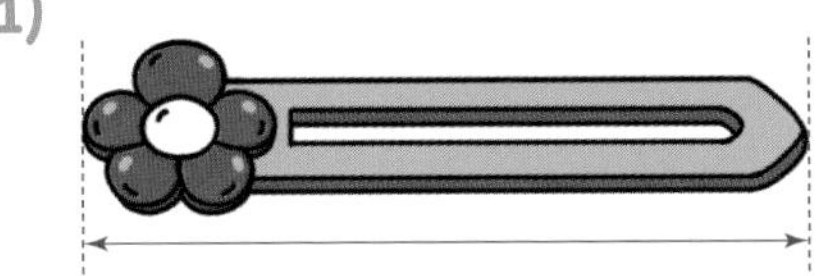

49 mm=□ cm

(2)

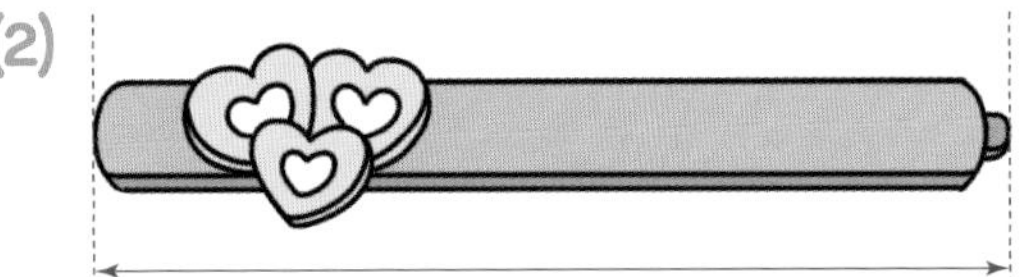

62 mm=□ cm

6 바르게 말한 사람의 이름을 써 보세요.

$\frac{1}{10}$이 7개이면 0.7이야.

세희

0.1이 5개이면 5야.

준하

(   )

7 물이 몇 컵인지 소수로 나타내어 보세요.

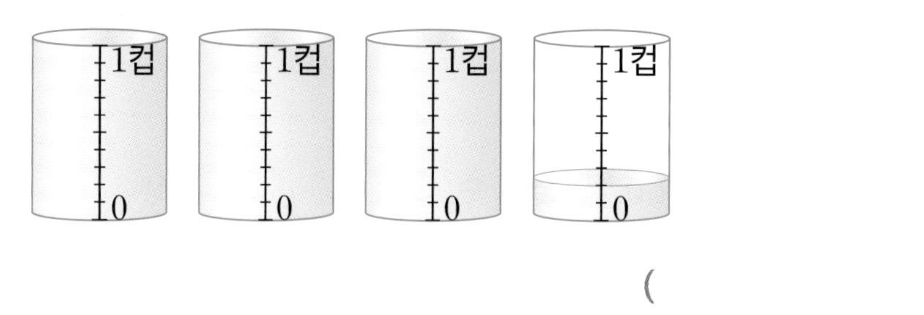

(　　　　　　　　)

8 ▢ 안에 알맞은 소수를 써넣으세요.

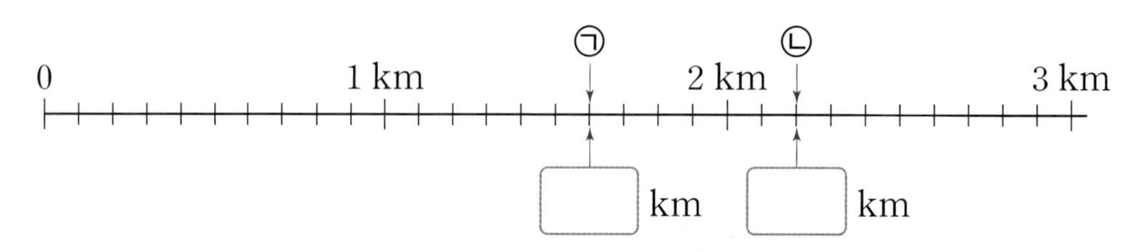

9 두 소수의 크기를 잘못 비교한 것을 모두 고르세요. ··························· (　　　　　　)

① $0.8>0.5$　　② $1.7<3.1$　　③ $7.4<5.8$

④ $6.1<5.9$　　⑤ $9.5<9.7$

10 4장의 수 카드 중 2장을 뽑아 한 번씩만 사용하여 소수 ■.▲를 만들려고 합니다. 만들 수 있는 가장 큰 수와 가장 작은 수를 각각 구해 보세요.

2　6　3　7

가장 큰 수 (　　　　　　), 가장 작은 수 (　　　　　　)

11 1부터 9까지의 수 중에서 □ 안에 들어갈 수 있는 수는 모두 몇 개일까요?

( )

12 예준이는 피자 한 판을 똑같이 10조각으로 나누어 그중 3조각을 먹었습니다. 먹고 남은 피자는 몇 판인지 소수로 나타내어 보세요.

( )

13 준성, 다은, 규현이가 멀리뛰기를 하였습니다. 멀리 뛴 학생부터 차례로 이름을 써 보세요.

이름	준성	다은	규현
뛴 거리(m)	$\frac{9}{10}$	1.2	0.8

( )

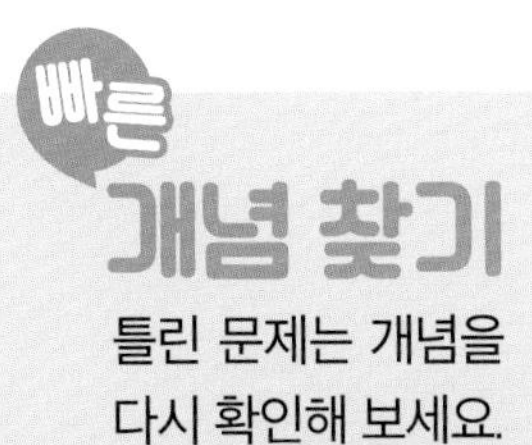

틀린 문제는 개념을 다시 확인해 보세요.

	개념	문제 번호
01일차	1보다 작은 소수 한 자리 수 알아보기	1, 2(1), 3(1), 6, 12
02일차	1보다 큰 소수 한 자리 수 알아보기	2(2), 3(2), 5, 7, 8
03일차	소수 한 자리 수끼리의 크기 비교	4, 9, 10, 11, 13

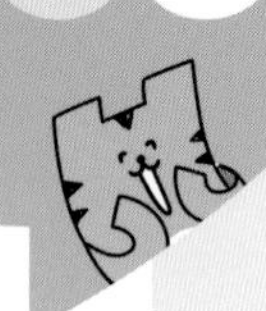

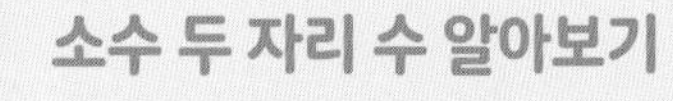

소수 두 자리 수를 알아볼까요?

스마트 학습

전체를 똑같이 100으로 나눈 것 중의 1은 $\frac{1}{100}$ 입니다.

분수 $\frac{1}{100}$ 을 0.01이라고 나타낼 수 있습니다.

0.01은 **영 점 영일**이라고 읽습니다.

$\frac{1}{100}=0.01$

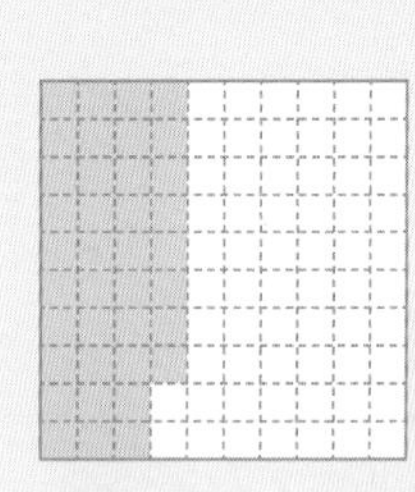

왼쪽 모눈종이에서 모눈 한 칸의 크기는 $\frac{1}{100}=0.01$입니다.

색칠된 칸은 38칸이므로 색칠된 부분은 $\frac{\mathbf{38}}{\mathbf{100}}=\mathbf{0.38}$입니다.

0.38은 **영 점 삼팔**이라고 읽습니다.

0.01이 38개인 수는 0.38입니다.

개념 확인

1 모눈종이 전체 크기가 1이라고 할 때 색칠한 부분의 크기를 분수와 소수로 각각 나타내어 보세요.

(1) 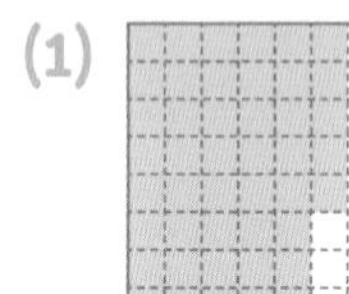

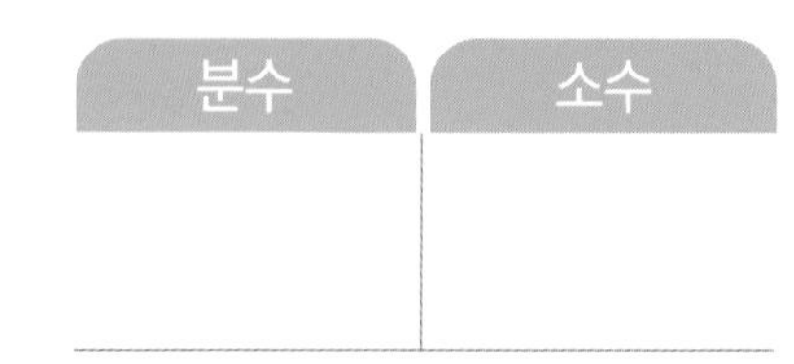

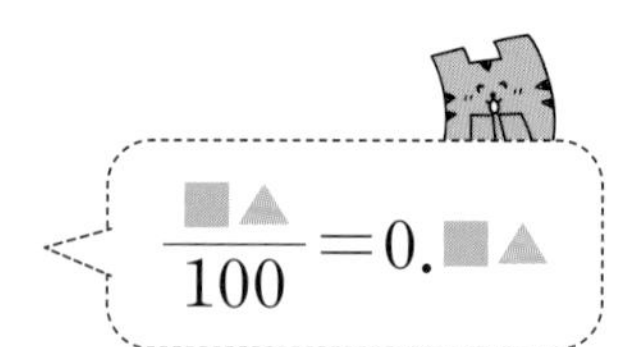

(2)

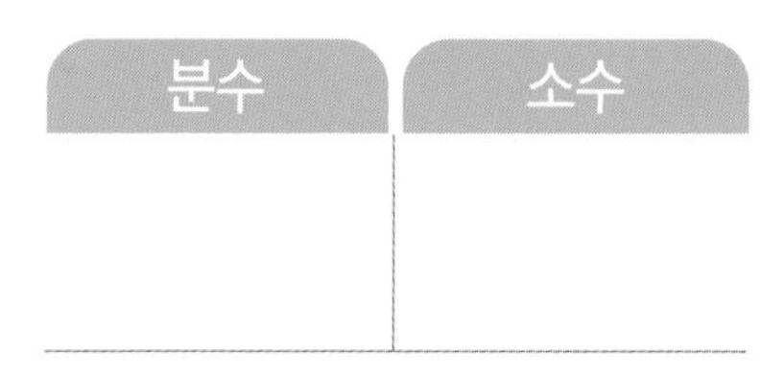

(3) 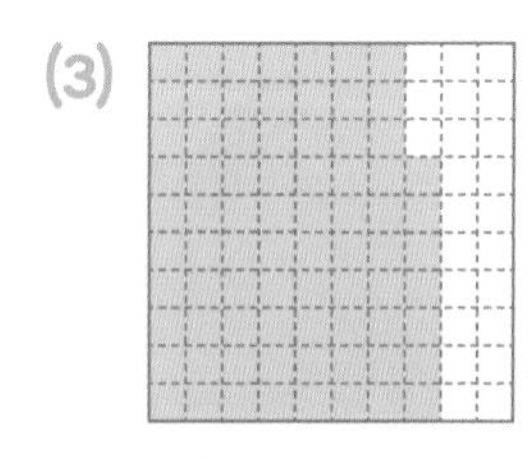

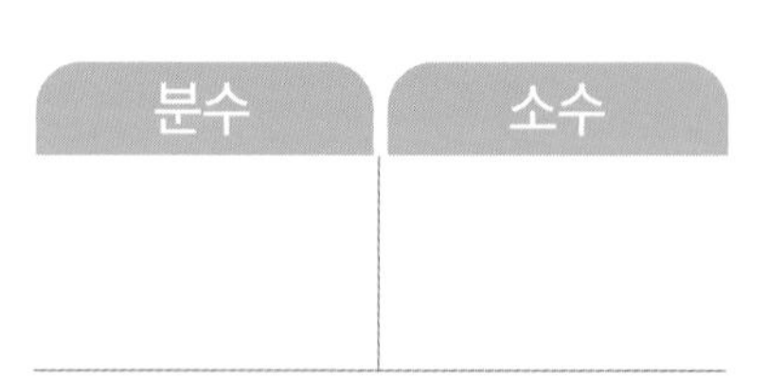

(4) 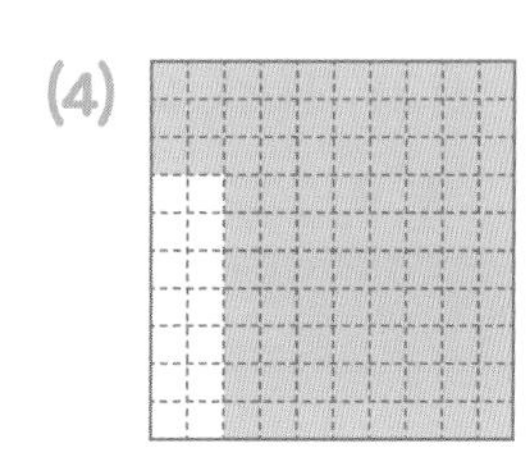

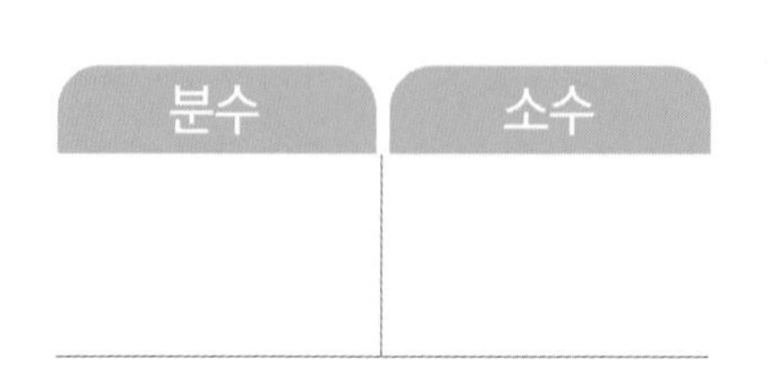

수직선에서 눈금 한 칸의 크기는 0.01입니다.

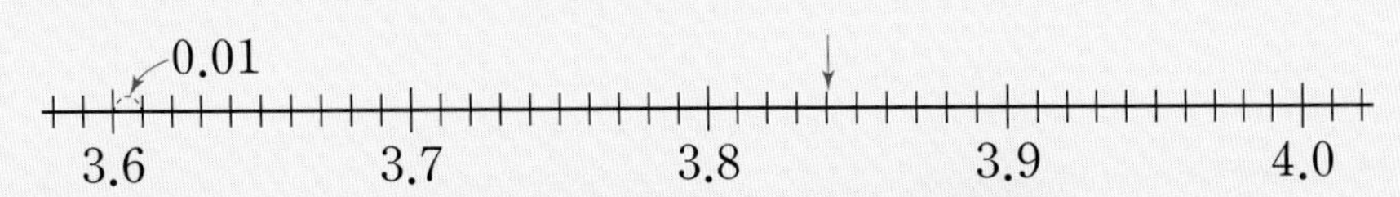

수직선에서 화살표(↓)가 가리키는 부분은 3.8에서 4칸 떨어져 있으므로 3.84입니다.
3.84는 **삼 점 팔사**라고 읽습니다.

쓰기	3.84
읽기	삼 **점** 팔사

참고 소수를 읽는 방법

자연수 부분은 자연수를 읽는 방법과 같이 읽습니다.
소수 부분은 숫자만 차례로 읽습니다. 이때 0도 읽어야 합니다.

예 12 . 05
십이 점 영오

개념 확인

2 소수를 바르게 읽은 것에 ○표 하세요.

(1) 4.15 — 사 점 일오 / 사 점 십오

(2) 6.32 — 육 점 삼이 / 육 점 이삼

(3) 8.09 — 팔 점 구 / 팔 점 영구

(4) 7.64 — 칠 점 육사 / 칠 점 사육

(5) 19.08 — 십구 점 팔영 / 십구 점 영팔

1 전체 크기가 1인 모눈종이에 주어진 소수만큼 색칠해 보세요.

(1) 0.32

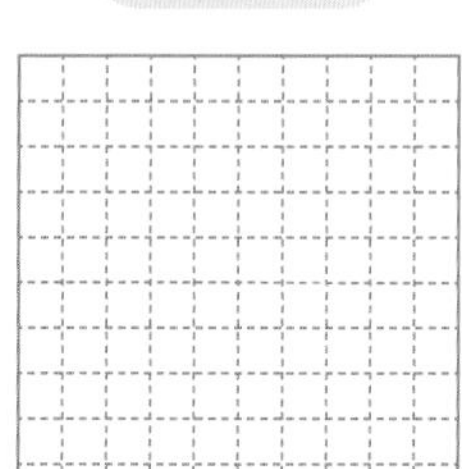

(2) 0.76

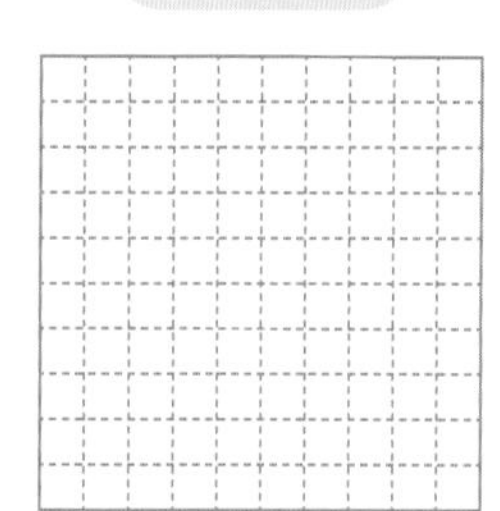

2 ☐ 안에 알맞은 소수를 써넣으세요.

(1)

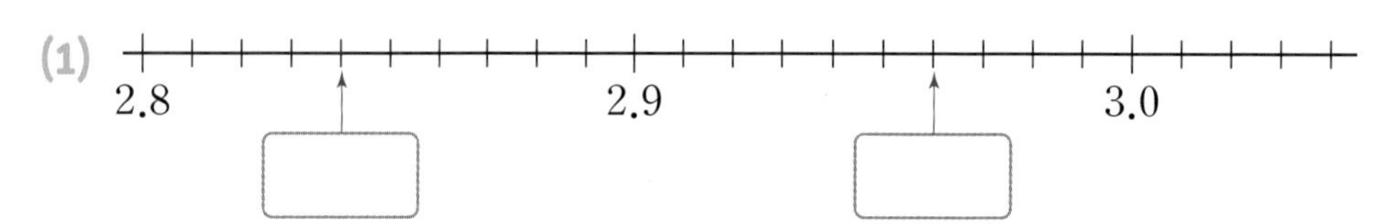

(2)

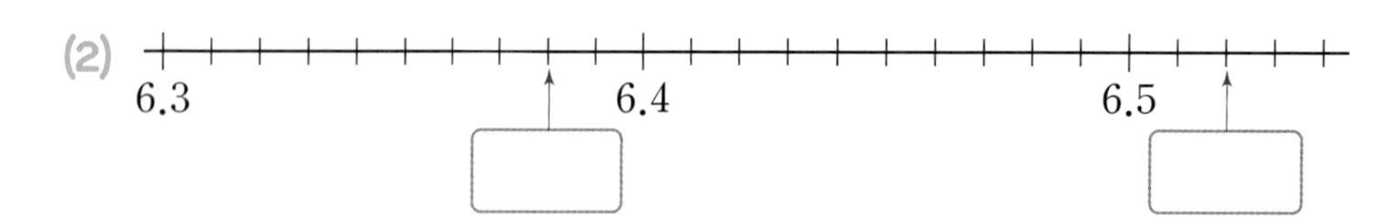

3 ☐ 안에 알맞은 수나 말을 써넣으세요.

(1) 분수 $\frac{74}{100}$는 소수로 ☐라 쓰고, ☐라고 읽습니다.

(2) 분수 $\frac{143}{100}$은 소수로 ☐이라 쓰고, ☐이라고 읽습니다.

4 소수로 써 보세요.

(1)	영 점 팔이		(2)	사 점 일육	
(3)	영 점 구팔		(4)	오 점 영칠	

5 소수를 바르게 읽은 것에 ○표 하세요.

(1) 0.46

영 점 사육	영 점 육사

(2) 17.08

십칠 점 팔	십칠 점 영팔

6 관계있는 것끼리 이어 보세요.

$3\frac{15}{100}$ •	• 3.15
0.01이 135개인 수 •	• 오 점 삼일
5.31 •	• 일 점 삼오

7 나타내는 수가 다른 하나를 찾아 기호를 써 보세요.

㉠ 2.04 ㉡ 이 점 사

㉢ 이 점 영사 ㉣ $2\frac{4}{100}$

( )

8 오른쪽 그림은 오렌지주스의 들이를 나타낸 것입니다. 오렌지주스의 들이를 나타내는 소수를 읽어 보세요. (단, 단위는 읽지 않습니다.)

( )

06 일차

소수 두 자리 수에서 각 자리의 숫자 알아보기

2.48에서 각 자리의 숫자가 나타내는 수를 알아볼까요?

스마트 학습

2.48에서 2는 일의 자리 숫자이고 2를, 4는 소수 첫째 자리 숫자이고 0.4를, 8은 소수 둘째 자리 숫자이고 0.08을 나타냅니다.

소수	각 자리의 숫자가 나타내는 수			
	일의 자리		소수 첫째 자리	소수 둘째 자리
2.48	2	.		
	0	.	4	
	0	.	0	8

개념 확인

1 소수를 보고 ☐ 안에 알맞은 수를 써넣고, 알맞은 말에 ○표 하세요.

(1) 4.15

- 4는 일의 자리 숫자이고 ☐를 나타냅니다.
- 1은 소수 첫째 자리 숫자이고 ☐을 나타냅니다.
- 5는 소수 (첫째 , 둘째) 자리 숫자이고 0.05를 나타냅니다.

(2) 3.28

- 3은 (십 , 일)의 자리 숫자이고 3을 나타냅니다.
- 2는 소수 (첫째 , 둘째) 자리 숫자이고 ☐를 나타냅니다.
- 8은 소수 (첫째 , 둘째) 자리 숫자이고 ☐을 나타냅니다.

(3) 12.06

- 1은 (십 , 일)의 자리 숫자이고 ☐을 나타냅니다.
- 2는 (십 , 일)의 자리 숫자이고 ☐를 나타냅니다.
- 6은 소수 (첫째 , 둘째) 자리 숫자이고 ☐을 나타냅니다.

1이 5개, 0.1이 3개, 0.01이 7개인 수를 알아볼까요?

1이 5개이면 5, 0.1이 3개이면 **0.3**, 0.01이 7개이면 **0.07**이므로 5.37입니다.

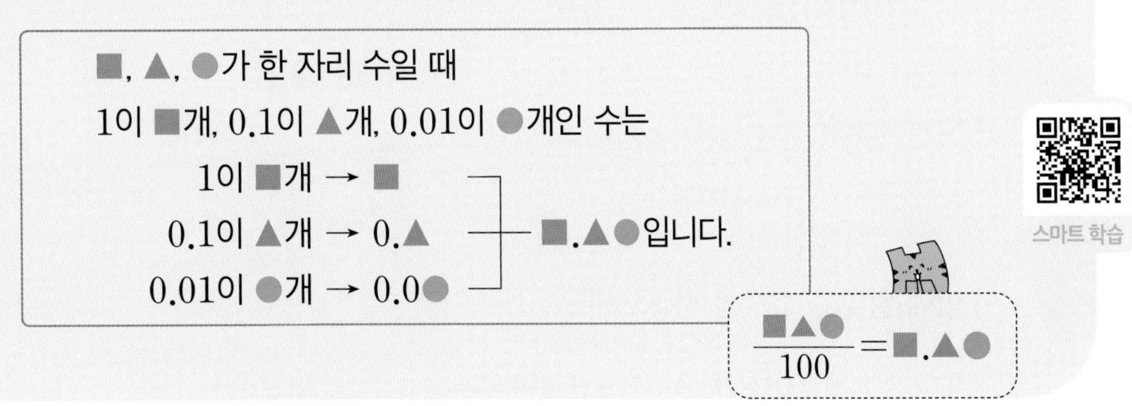

스마트 학습

개념 확인

2 ▢ 안에 알맞은 소수를 써넣으세요.

(1) 0.1이 9개, 0.01이 6개인 수는 ▢입니다.

(2) 1이 3개, 0.1이 4개, 0.01이 7개인 수는 ▢입니다.

(3) 1이 7개, 0.1이 5개, 0.01이 8개인 수는 ▢입니다.

(4) 1이 12개, 0.1이 2개, 0.01이 9개인 수는 ▢입니다.

(5) 1이 5개, 0.01이 8개인 수는 ▢입니다.

기본 다지기

1 밑줄 친 숫자가 나타내는 수를 써 보세요.

(1) $1.7\underline{4}$ → (　　　　　　)　　(2) $5.\underline{3}6$ → (　　　　　　)

(3) $\underline{6}.29$ → (　　　　　　)　　(4) $4.\underline{0}8$ → (　　　　　　)

2 □ 안에 알맞은 소수를 써넣으세요.

(1) 1이 3개, 0.1이 8개, 0.01이 6개인 수는 □입니다.

(2) 10이 5개, 1이 2개, $\frac{1}{10}$이 1개, $\frac{1}{100}$이 7개인 수는 □입니다.

3 주어진 소수의 각 자리 숫자와 각 자리 숫자가 나타내는 수를 써 보세요.

(1) 3.62

	일의 자리	소수 첫째 자리	소수 둘째 자리
자리 숫자		6	
나타내는 수		0.6	

(2) 8.45

	일의 자리	소수 첫째 자리	소수 둘째 자리
자리 숫자			
나타내는 수			

4 소수 둘째 자리 숫자가 7인 수에 ○표 하세요.

(1) 7.24　　3.79　　1.47

(2) 5.76　　2.07　　7.38

5 재율이가 말하는 수를 쓰고 읽어 보세요.

일의 자리 숫자가 9, 소수 첫째 자리 숫자가 5, 소수 둘째 자리 숫자가 8인 소수 두 자리 수야.

쓰기 (　　　　　　　), 읽기 (　　　　　　　)

6 숫자 4가 나타내는 수가 가장 큰 수는 어느 것인가요? .... (　　　　　)

① 1.74　　② 4.68　　③ 9.42

④ 0.41　　⑤ 8.94

7 9.67을 바르게 설명한 것을 찾아 기호를 써 보세요.

㉠ 0.01이 67개인 수입니다.

㉡ 소수 둘째 자리 숫자는 7입니다.

㉢ 6은 0.1을 나타냅니다.

(　　　　　　　)

8 우리나라에서 가장 높은 산은 제주도에 있는 한라산입니다. 한라산의 높이에서 숫자 5가 나타내는 수를 써 보세요.

한라산의 높이: 약 **1.95** km

(　　　　　　　)

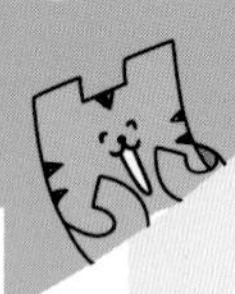
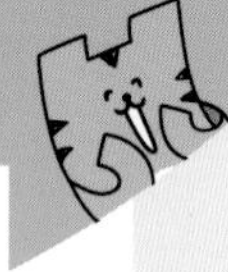

07일차

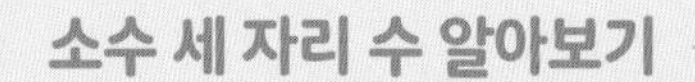

소수 세 자리 수를 알아볼까요?

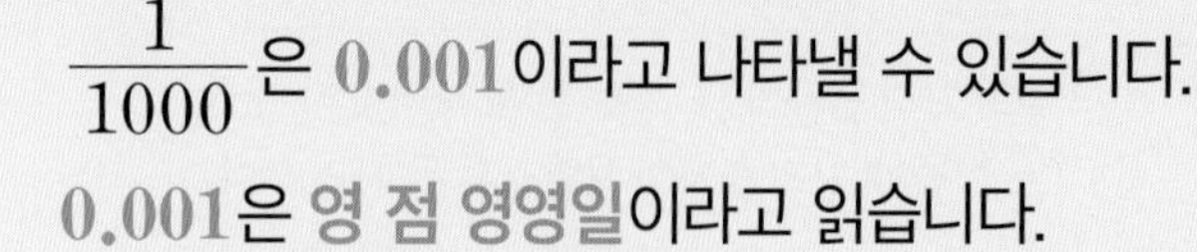

$\frac{1}{1000}$은 0.001이라고 나타낼 수 있습니다.

0.001은 영 점 영영일이라고 읽습니다.

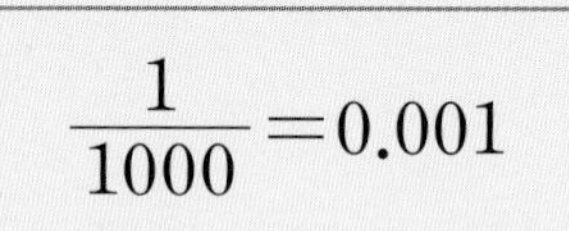

$\frac{1}{1000}=0.001$

스마트 학습

수직선에서 작은 눈금 한 칸은 0.001입니다.

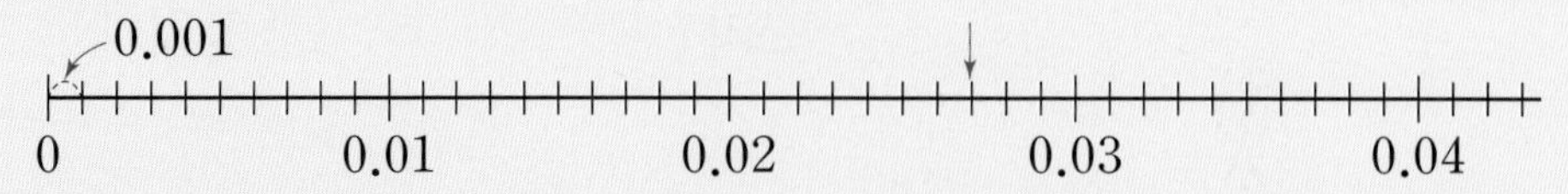

수직선에서 화살표(↓)가 가리키는 부분은 0.02에서 7칸 더 떨어져 있으므로 0.027입니다. 0.027은 영 점 영이칠이라고 읽습니다.

참고 $\frac{■▲●}{1000}$ = 0.■▲● 예 $\frac{123}{1000}=0.123$

개념 확인

1 분수를 소수로 쓰고 바르게 읽어 보세요.

(1) $\frac{234}{1000}$

쓰기 (　　　　　　　　)

읽기 (　　　　　　　　)

(2) $\frac{17}{1000}$

쓰기 (　　　　　　　　)

읽기 (　　　　　　　　)

(3) $\frac{9}{1000}$

쓰기 (　　　　　　　　)

읽기 (　　　　　　　　)

(4) $\frac{745}{1000}$

쓰기 (　　　　　　　　)

읽기 (　　　　　　　　)

(5) $\frac{56}{1000}$

쓰기 (　　　　　　　　)

읽기 (　　　　　　　　)

(6) $\frac{108}{1000}$

쓰기 (　　　　　　　　)

읽기 (　　　　　　　　)

수직선에서 작은 눈금 한 칸은 0.001입니다.

수직선에서 화살표(↓)가 가리키는 부분은 15.23에서 4칸 더 떨어져 있으므로 **15.234**입니다. **15.234**는 **십오 점 이삼사**라고 읽습니다.

소수를 읽을 때 소수 부분에 있는 숫자 0도 빠뜨리지 않고 '영'이라고 읽어야 해.
예 1.203 → 일 점 이영삼

개념 확인

2 소수를 바르게 읽은 것에 ○표 하세요.

(1) 2.859 | 이 점 팔구오 | 이 점 팔오구

(2) 3.715 | 삼 점 칠이오 | 삼 점 칠일오

(3) 9.043 | 구 점 영사삼 | 구 점 사삼

(4) 8.654 | 팔십육 점 오사 | 팔 점 육오사

(5) 11.504 | 십일 점 오영사 | 십일 점 영오사

기본 다지기

전체 크기가 1인 모눈종이에 색칠된 부분의 크기를 소수로 나타내어 보세요.

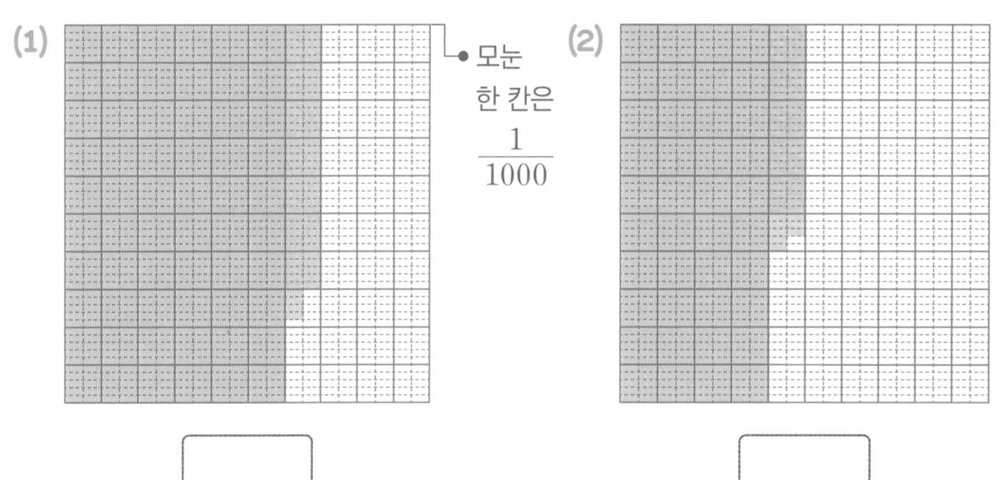

2 주어진 소수를 수직선에 ↑로 나타내어 보세요.

(1) 2.578

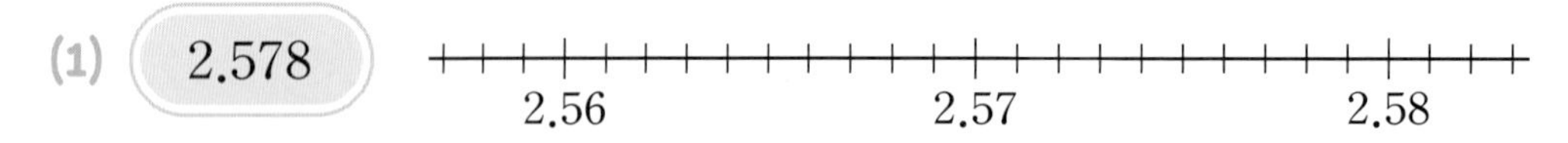

(2) 3.457

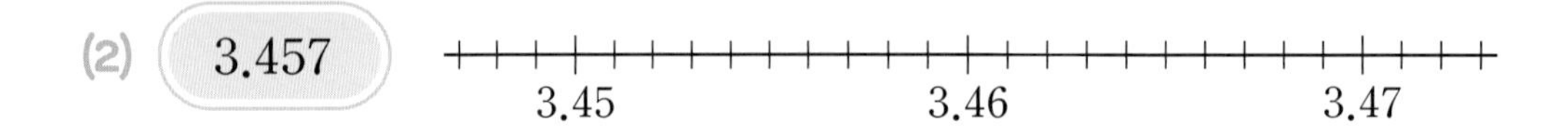

3 ☐ 안에 알맞은 수나 말을 써넣으세요.

(1) 분수 $\frac{294}{1000}$는 소수로 ☐라 쓰고, ☐라고 읽습니다.

(2) 분수 $2\frac{368}{1000}$은 소수로 ☐이라 쓰고, ☐이라고 읽습니다.

소수로 써 보세요.

(1)

→ (　　　　　　)

(2)

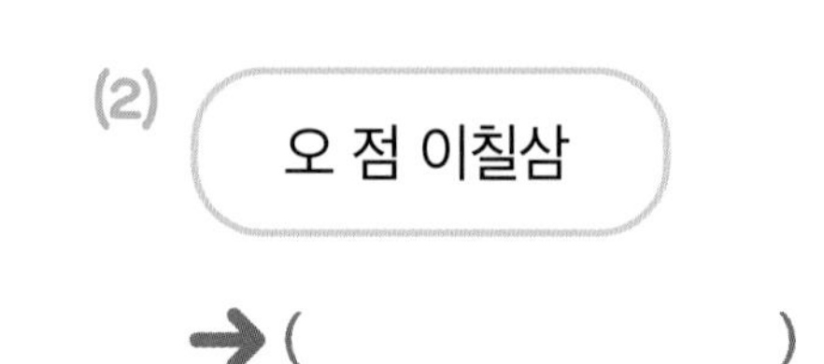

→ (　　　　　　)

5 빈칸에 알맞은 수나 말을 써넣으세요.

분수	소수	소수 읽기
$\frac{263}{1000}$	0.263	
		오 점 칠구이
$4\frac{48}{1000}$		

6 ☐ 안에 알맞은 소수를 써넣으세요.

(1) 526 m= ☐ km

(2) 49 m= ☐ km

1 km=1000 m이므로
1 m=0.001 km야!

7 소수를 바르게 읽은 친구의 이름을 써 보세요.

- 정훈: 4.082 → 사 점 팔이
- 지은: 0.613 → 영 점 육일삼
- 세영: 21.504 → 이일 점 오영사

(　　　　　　)

8 정우네 집에서 도서관까지의 거리는 1435 m입니다. 정우네 집에서 도서관까지의 거리는 몇 km인지 소수로 나타내어 보세요.

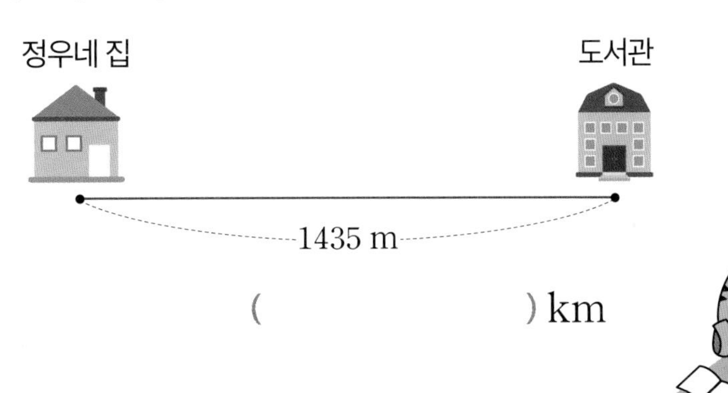

(　　　　　　) km

07일차 정답 확인
하루한장 앱에서
학습 인증하고
하루템을 모으세요!

08 일차

소수 세 자리 수에서 각 자리의 숫자 알아보기

3.725에서 각 자리의 숫자가 나타내는 수를 알아볼까요?

스마트 학습

3.725에서 3은 일의 자리 숫자이고 3을, 7은 소수 첫째 자리 숫자이고 0.7을, 2는 소수 둘째 자리 숫자이고 0.02를, 5는 소수 셋째 자리 숫자이고 0.005를 나타냅니다.

소수	각 자리의 숫자가 나타내는 수				
	일의 자리	.	소수 첫째 자리	소수 둘째 자리	소수 셋째 자리
3.725	3	.			
	0	.	7		
	0	.	0	2	
	0	.	0	0	5

개념 확인

1 알맞은 말에 ○표 하고, □ 안에 알맞은 수를 써넣으세요.

(1) 9.341에서 3은 (일의 , 소수 첫째) 자리 숫자이고 □을 나타냅니다.

(2) 3.145에서 3은 (일의 , 소수 첫째) 자리 숫자이고 □을 나타냅니다.

(3) 2.103에서 3은 소수 (둘째 , 셋째) 자리 숫자이고 □을 나타냅니다.

(4) 0.137에서 3은 소수 (둘째 , 셋째) 자리 숫자이고 □을 나타냅니다.

1이 6개, 0.1이 2개, 0.01이 4개, 0.001이 8개인 수를 알아볼까요?

1이 6개이면 6, 0.1이 2개이면 0.2, 0.01이 4개이면 0.04, 0.001이 8개이면 0.008이므로 6.248입니다.

스마트 학습

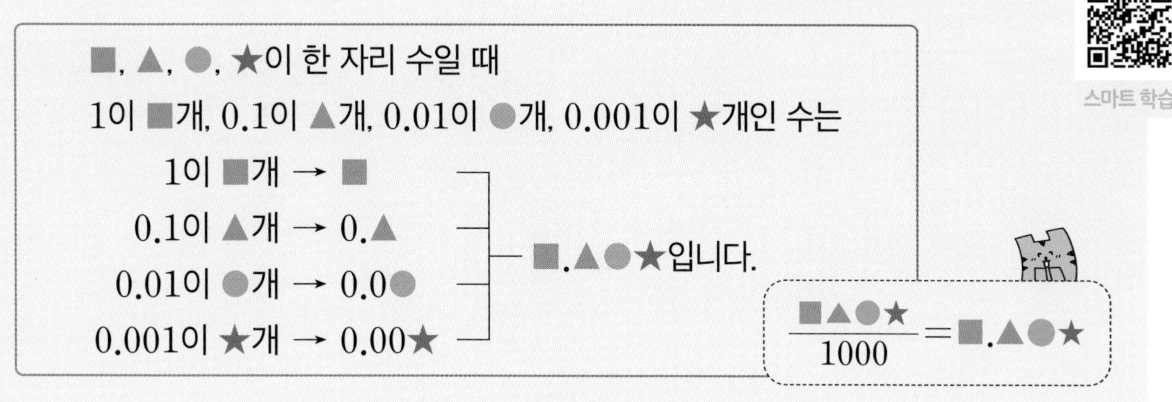

참고 6.248에서 6은 일의 자리 숫자이고 6을, 2는 소수 첫째 자리 숫자이고 0.2를, 4는 소수 둘째 자리 숫자이고 0.04를, 8은 소수 셋째 자리 숫자이고 0.008을 나타냅니다.

개념 확인

2 설명하는 소수를 써 보세요.

(1) 0.1이 5개, 0.01이 7개, 0.001이 3개인 수

( )

(2) 0.01이 8개, 0.001이 2개인 수

( )

(3) 1이 4개, 0.1이 3개, 0.01이 5개, 0.001이 1개인 수

( )

(4) 1이 6개, 0.1이 7개, 0.001이 8개인 수

( )

1 주어진 소수의 각 자리 숫자를 써 보세요.

(1) 2.834

일의 자리		소수 첫째 자리	소수 둘째 자리	소수 셋째 자리
2	.			

(2) 5.097

일의 자리		소수 첫째 자리	소수 둘째 자리	소수 셋째 자리
	.			

2 밑줄 친 숫자가 나타내는 수를 써 보세요.

(1) $0.7\underline{2}6$ → (　　　　　　)

(2) $4.37\underline{1}$ → (　　　　　　)

(3) $6.\underline{7}05$ → (　　　　　　)

(4) $\underline{1}2.482$ → (　　　　　　)

3 □ 안에 알맞은 소수를 써넣으세요.

(1) 0.1이 4개, 0.01이 5개, 0.001이 3개인 수는 □입니다.

(2) 1이 8개, $\frac{1}{10}$이 9개, $\frac{1}{1000}$이 4개인 수는 □입니다.

4 숫자 8이 0.008을 나타내는 수에 ○표 하세요.

(1)

0.854	7.318

(2)

6.218	4.582

5 소수 둘째 자리 숫자가 가장 큰 수를 말한 친구의 이름을 써 보세요.

(　　　　　　　　)

6 빈 곳에 알맞은 수를 써넣으세요.

7 밑줄 친 소수에서 2가 나타내는 수를 써 보세요.

보령과 원산도를 잇는 보령해저터널은 길이가 6.9<u>2</u>7 km로 우리나라에서 가장 긴 해저터널입니다.

(　　　　　　　　)

09 일차

0.47과 0.63의 크기를 비교해 볼까요?

스마트 학습

한 칸이 0.01인 모눈종이에 색칠하여 0.47과 0.63의 크기를 비교해 봅니다.
0.47은 0.01이 47개이므로 47칸을 색칠하고 0.63은 0.01이 63개이므로 63칸을 색칠합니다.

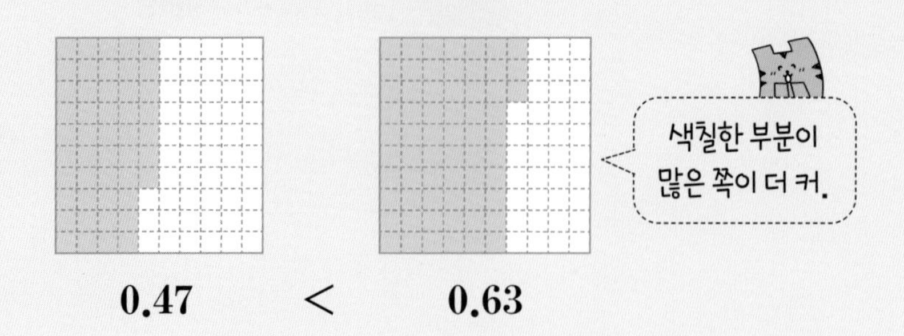

개념 확인

1 그림을 보고 ◯ 안에 >, =, <를 알맞게 써넣으세요.

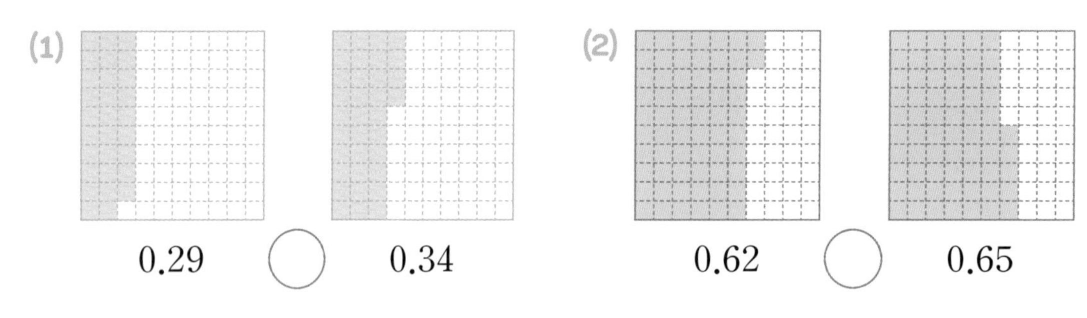

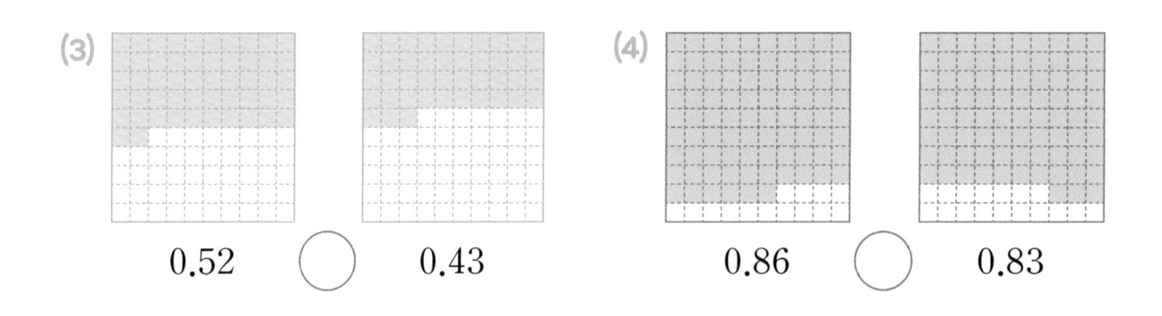

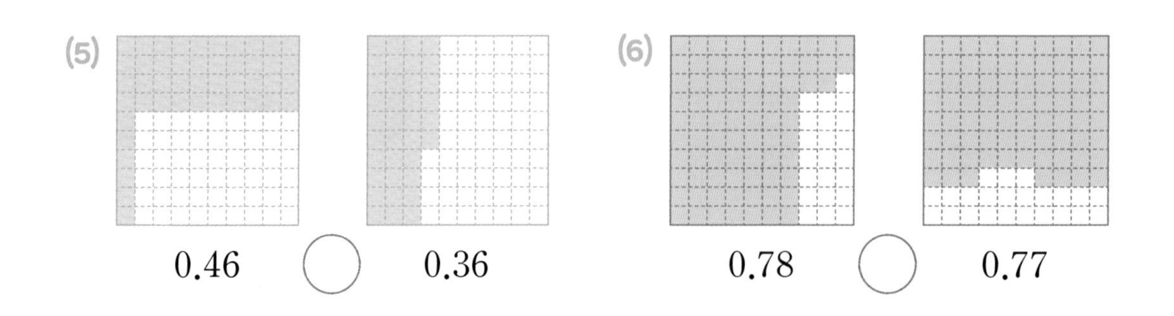

4.369와 4.36의 크기를 비교해 볼까요?

소수점의 자리를 맞추고 높은 자리 수부터 비교합니다.

❶ 자연수를 비교하면 **4=4**입니다.

❷ 소수 첫째 자리 수를 비교하면 **3=3**입니다.

❸ 소수 둘째 자리 수를 비교하면 **6=6**입니다.

❹ 4.36의 오른쪽 끝자리 뒤에 0이 있는 것으로 생각하고 소수 셋째 자리 수를 비교하면 **9>0**입니다.

❶	❷	❸	❹
4.	3	6	9
4.	3	6	0

4.369>4.36

스마트 학습

참고 소수는 필요한 경우 오른쪽 끝자리에 0을 붙여 나타낼 수 있습니다.
예 4.36=4.360=4.3600=……

개념 확인

2 두 수의 크기를 비교하여 ◯ 안에 > 또는 <를 알맞게 써넣으세요.

(1) 3.85 ◯ 2.85　　(2) 4.29 ◯ 6.25

(3) 1.34 ◯ 1.35　　(4) 2.52 ◯ 2.67

(5) 5.612 ◯ 4.976　　(6) 6.301 ◯ 6.305

(7) 9.349 ◯ 9.934　　(8) 7.05 ◯ 7.048

(9) 8.134 ◯ 8.14　　(10) 11.235 ◯ 11.23

1 전체 크기가 1인 모눈종이에 주어진 소수만큼 색칠하고 두 소수의 크기를 비교하여 ◯ 안에 >, =, <를 알맞게 써넣으세요.

(1) 0.12 ◯ 0.21 (2) 0.82 ◯ 0.75

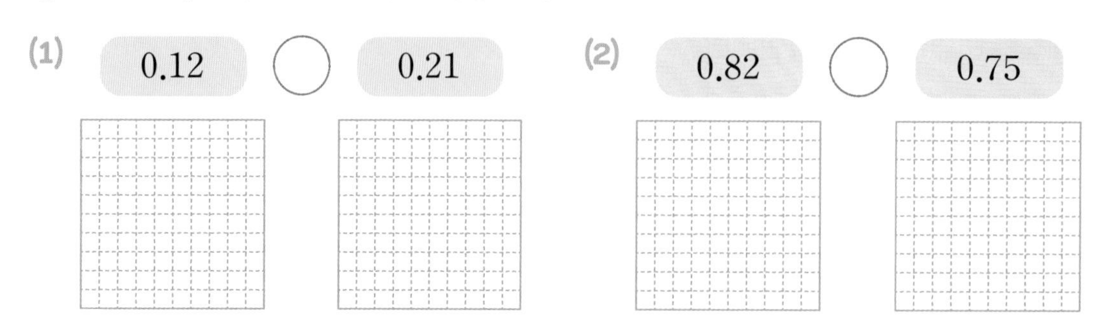

2 소수에서 생략할 수 있는 0을 찾아 보기와 같이 나타내어 보세요.

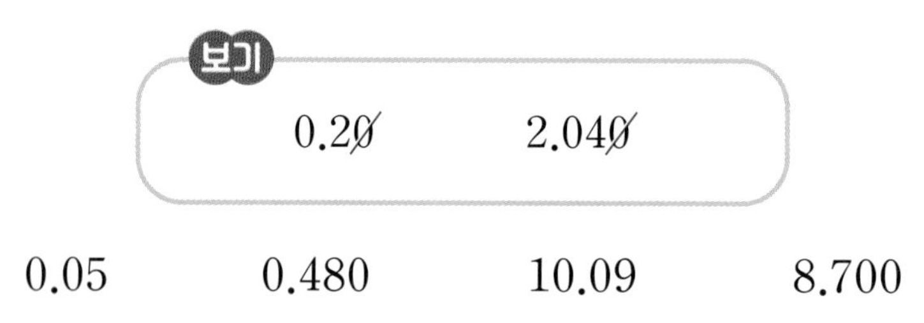

0.05 0.480 10.09 8.700

3 2.435와 2.426을 수직선에 각각 ↓로 나타내고 크기를 비교해 보세요.

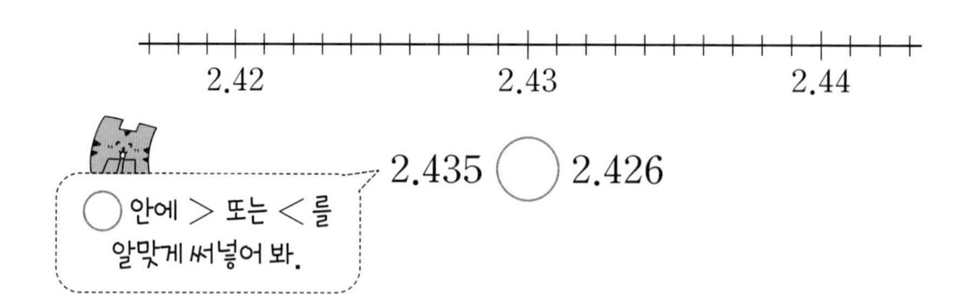

4 두 수의 크기를 비교하여 ◯ 안에 >, =, <를 알맞게 써넣으세요.

(1) 2.64 ◯ 3.16

(2) 4.062 ◯ 4.037

(3) 0.38 ◯ 0.380

(4) 6.82 ◯ 6.9

5 두 소수의 크기를 비교하여 빈 곳에 더 큰 소수를 써넣으세요.

6 더 작은 수를 나타내는 것에 ○표 하세요.

7 가장 큰 수에 ○표, 가장 작은 수에 △표 하세요.

5.29　　4.8　　5.307

8 학교에서 서연이네 집까지의 거리는 1.327 km이고 학교에서 지훈이네 집까지의 거리는 1.341 km입니다. 학교에서 누구네 집이 더 가까울까요?

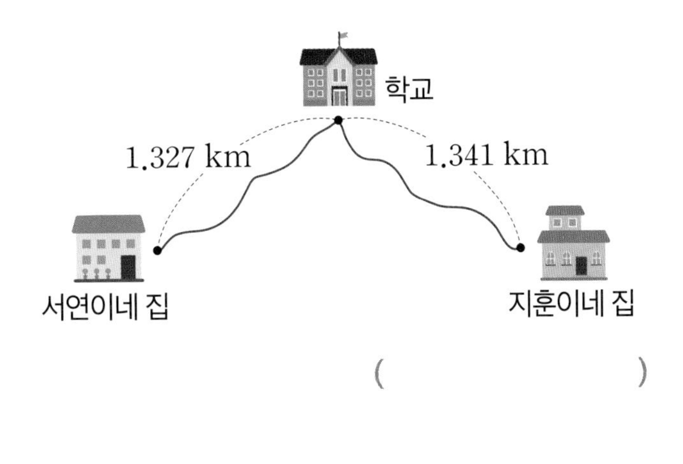

(　　　　　　)

1, 0.1, 0.01, 0.001 사이의 관계를 알아볼까요?

스마트 학습

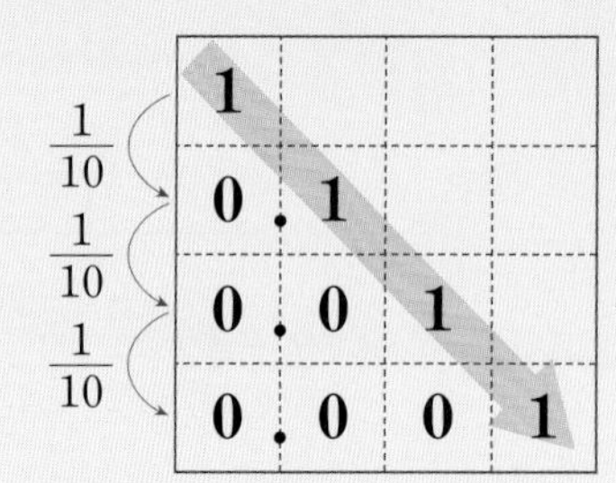

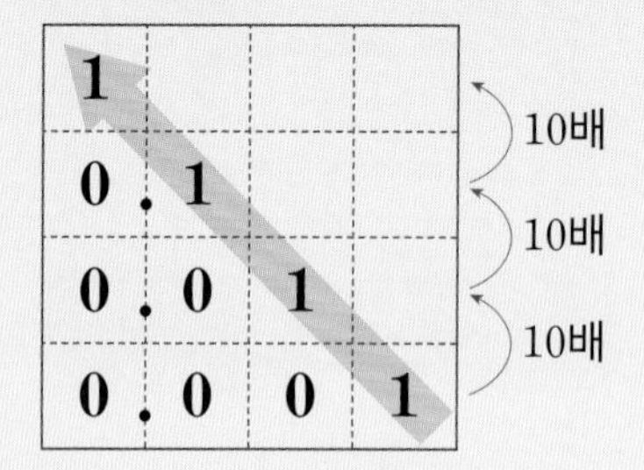

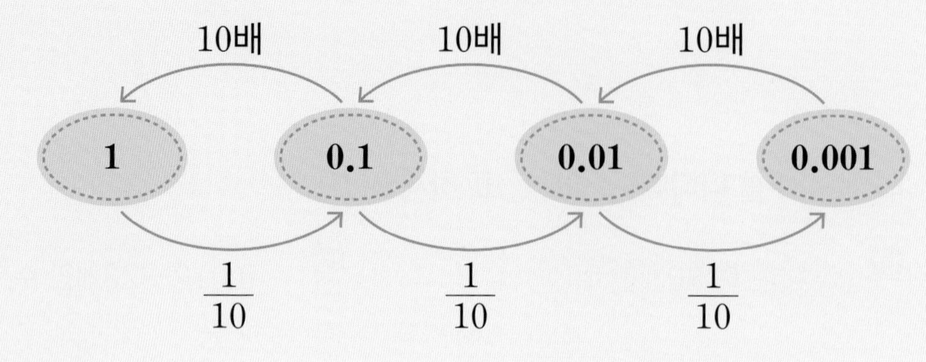

개념 확인

1 ☐ 안에 알맞은 수를 써넣으세요.

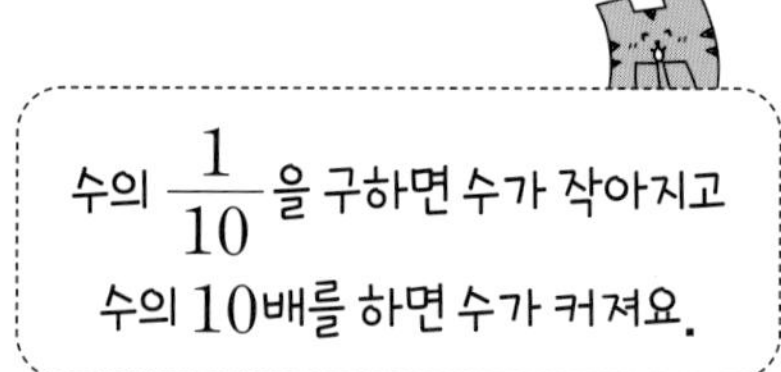

(1) 1은 0.1의 ☐배입니다.

(2) 0.1의 $\frac{1}{10}$은 ☐입니다.

(3) 0.001의 10배는 ☐입니다.

(4) 0.01은 0.1의 $\frac{1}{☐}$입니다.

(5) 0.01의 10배는 ☐입니다.

(6) 0.1은 0.001의 ☐배입니다.

소수 사이의 관계를 알아볼까요?

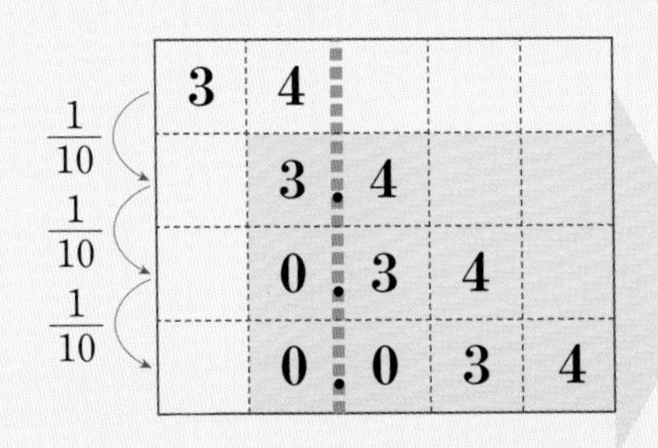

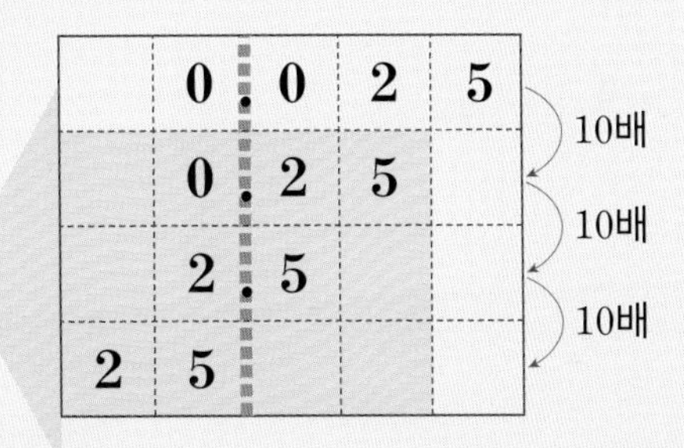

• 소수의 $\frac{1}{10}$을 하면 소수점을 기준으로 수가 **오른쪽으로** 한 자리 이동합니다.

• 소수를 **10배** 하면 소수점을 기준으로 수가 **왼쪽으로** 한 자리 이동합니다.

참고 소수의 $\frac{1}{100}$, $\frac{1}{1000}$을 하면 소수점을 기준으로 수가 오른쪽으로 두 자리, 세 자리 이동하고, 소수를 100배, 1000배 하면 소수점을 기준으로 수가 왼쪽으로 두 자리, 세 자리 이동합니다.

개념 확인

2 빈 곳에 알맞은 수를 써넣으세요.

(1)

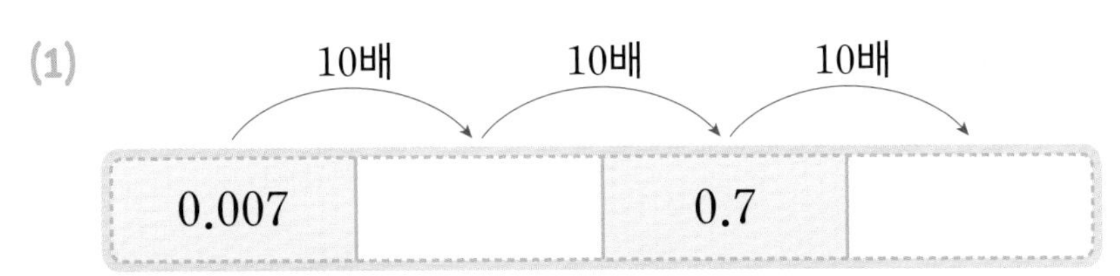

(2)

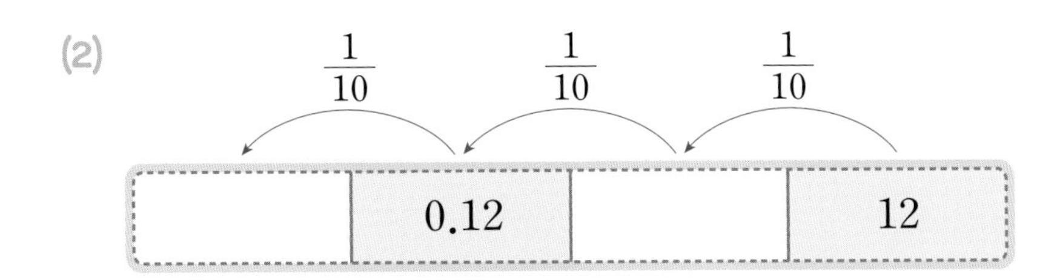

(3)

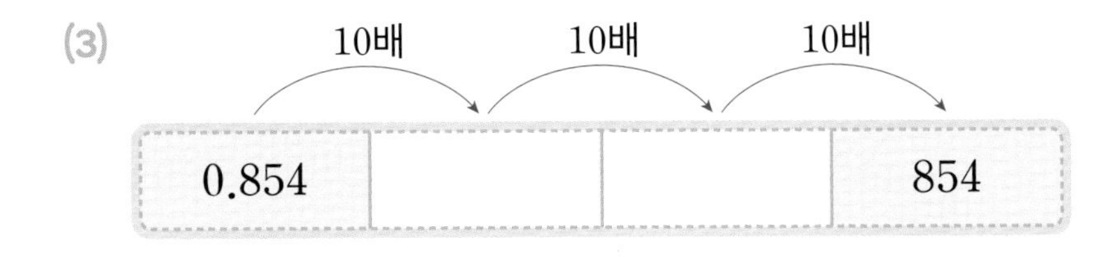

(4)

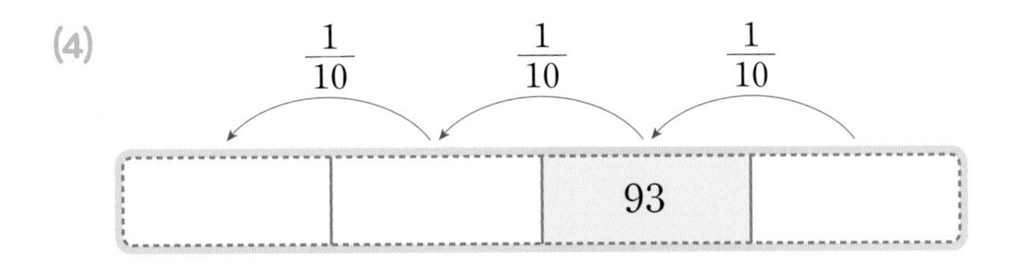

1 빈칸에 알맞은 수를 써넣으세요.

(1)

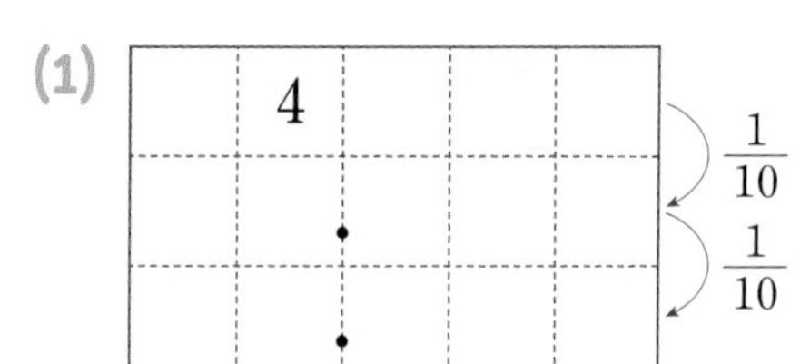

(2)

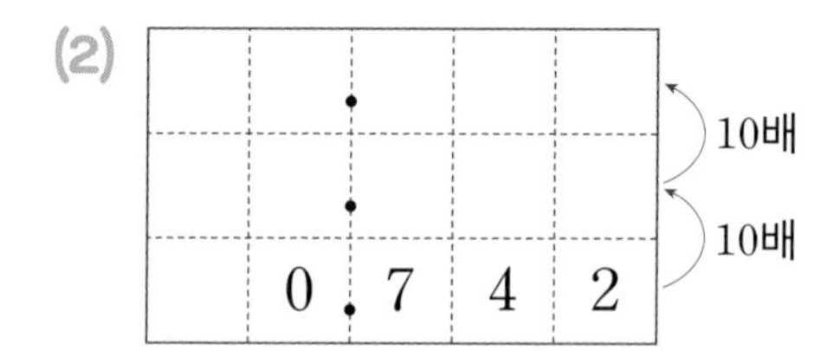

2 빈칸에 알맞은 수를 써넣으세요.

$\frac{1}{10}$ $\frac{1}{10}$ 10배 10배

	0.3	3	30	
		0.6		
		15.7		

3 ▢ 안에 알맞은 수를 써넣으세요.

(1) 8의 $\frac{1}{10}$은 ▢입니다.

(2) 21.6의 $\frac{1}{100}$은 ▢입니다.

(3) 0.4의 10배는 ▢입니다.

(4) 0.016의 100배는 ▢입니다.

4 빈 곳에 알맞은 수를 써넣으세요.

(1)

(2)

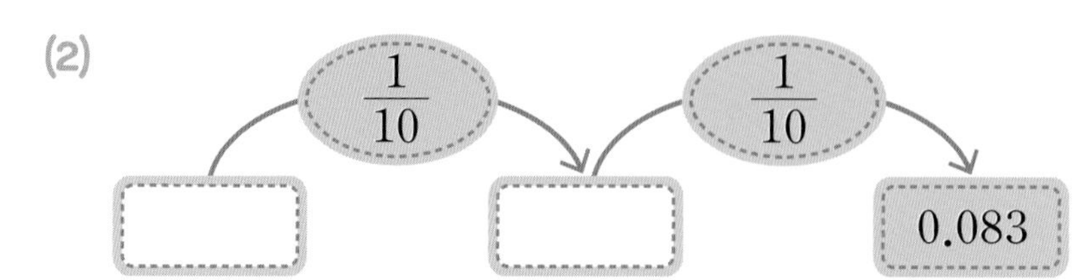

5 관계있는 것끼리 선으로 이어 보세요.

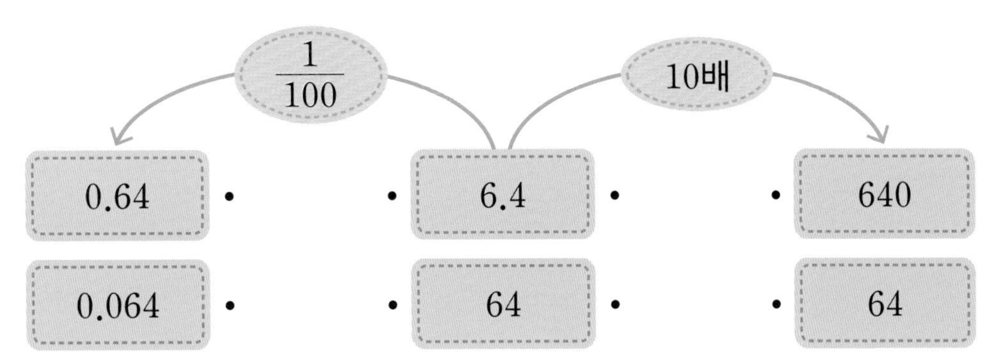

6 다른 수를 설명한 친구의 이름을 써 보세요.

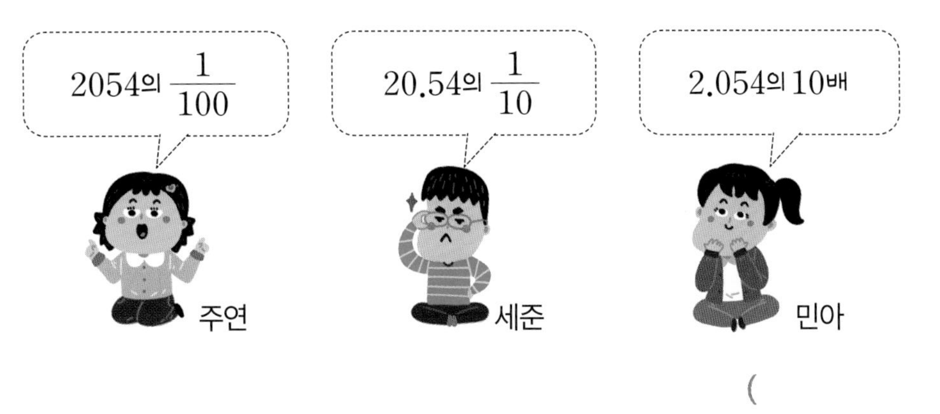

(　　　　　　　)

7 ㉠이 나타내는 수는 ㉡이 나타내는 수의 몇 배인가요?

$1\underline{6}.43\underline{6}$

㉠　㉡

(　　　　　　　)

8 색종이 1묶음의 무게는 0.28 kg입니다. 색종이 100묶음은 몇 kg인가요?

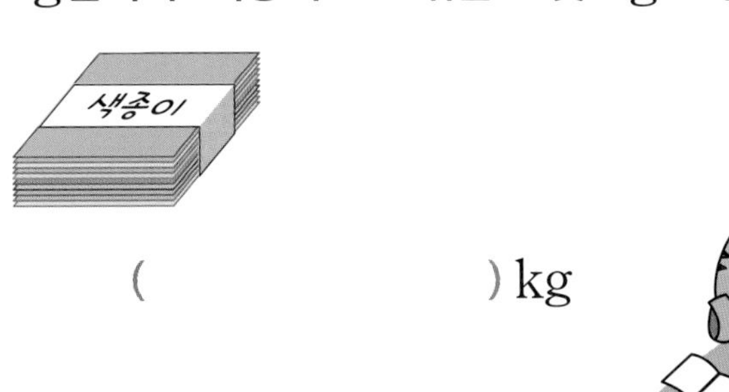

(　　　　　　　) kg

11일차 마무리 하기

1 ☐ 안에 알맞은 수를 써넣으세요.

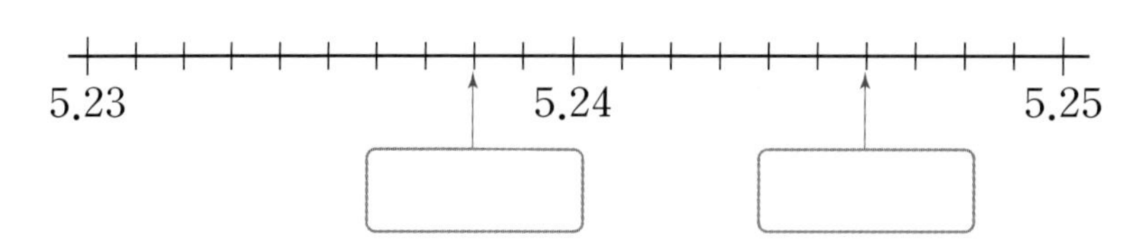

2 소수를 잘못 읽은 것을 모두 고르세요. ( )

① 7.29 → 칠 점 이구 ② 1.07 → 일 점 영칠

③ 3.045 → 삼 점 사오 ④ 6.254 → 육 점 이오사

⑤ 10.78 → 일영 점 칠팔

3 ☐ 안에 알맞은 수를 써넣으세요.

(1) 1이 2개, 0.1이 4개, 0.01이 8개인 수는 ☐입니다.

(2) 1이 53개, 0.1이 1개, 0.001이 7개인 수는 ☐입니다.

(3) 1이 6개, $\frac{1}{100}$이 9개, $\frac{1}{1000}$이 5개인 수는 ☐입니다.

4 두 소수의 크기를 비교하여 ○ 안에 >, =, <를 알맞게 써넣으세요.

(1) 6.34 ○ 6.5

(2) 2.874 ○ 2.871

5 크기가 같은 두 소수를 찾아 모두 ○표 하세요.

3.750 3.70 3.075 0.375 3.75

6 승주는 다음과 같은 길이의 종이 테이프를 사용해서 꽃을 만들었습니다. 승주가 사용한 종이 테이프는 몇 m인지 써 보세요.

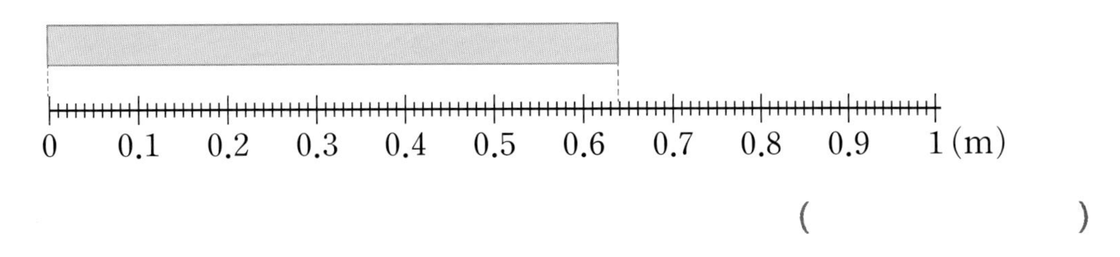

( )

7 소수 2.089에 대한 설명으로 잘못된 것은 어느 것일까요? ( )

① 9가 나타내는 수는 0.009입니다.

② 소수 세 자리 수입니다.

③ 이 점 영팔구라고 읽습니다.

④ 0.001이 289개인 수입니다.

⑤ 소수 첫째 자리 숫자는 0입니다.

8 숫자 6이 0.06을 나타내는 수를 찾아 기호를 써 보세요.

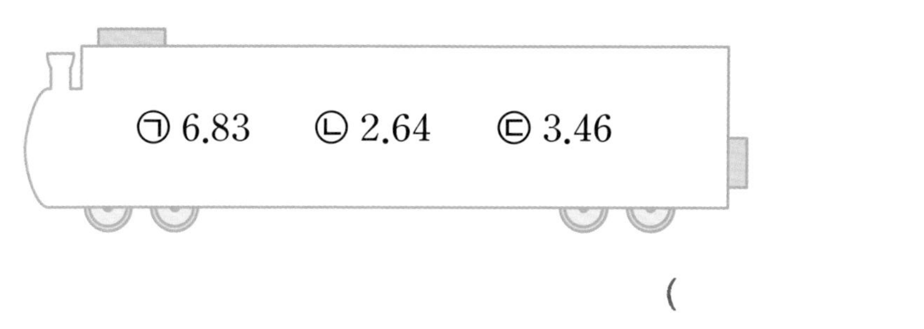

( )

9 다른 수를 설명한 친구의 이름을 써 보세요.

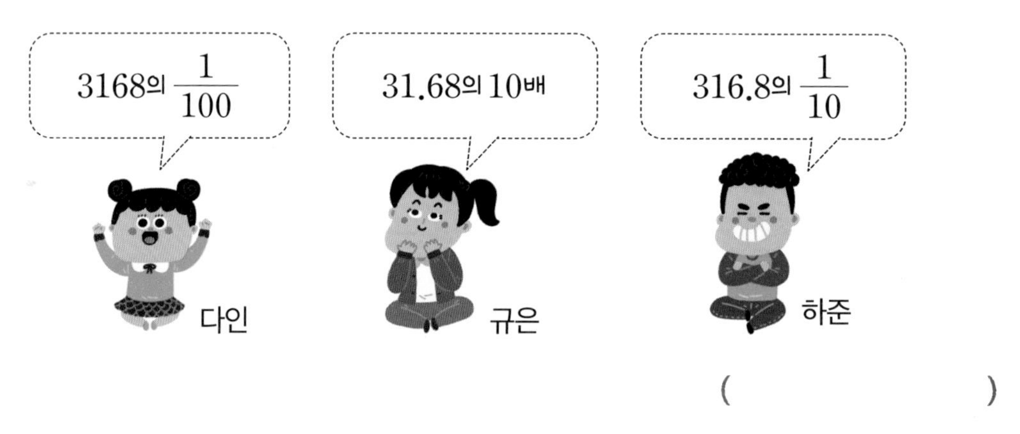

( )

10 주어진 카드를 한 번씩 모두 사용하여 만들 수 있는 가장 큰 소수 세 자리 수와 가장 작은 소수 세 자리 수를 각각 구해 보세요.

2	6	3	5	.

가장 큰 소수 세 자리 수 ( )

가장 작은 소수 세 자리 수 ( )

11 금 한 돈은 3.75 g입니다. 금 100돈의 무게는 몇 g인가요?

(　　　　　　　)

12 새연이는 콜라의 들이를 나타내는 소수를 잘못하여 소수 첫째 자리 숫자와 소수 둘째 자리 숫자를 서로 바꾸어 읽었더니 "일 점 오이"였습니다. 이 콜라의 들이는 몇 L인가요?

(　　　　　　　)

13 유진이가 집에서부터 학교, 도서관, 은행까지의 거리를 알아보았습니다. 집에서 가까운 곳부터 차례로 써 보세요.

집～학교	집～도서관	집～은행
0.962 km	1027 m	0.98 km

(　　　　　　　　　　)

틀린 문제는 개념을 다시 확인해 보세요.

11일차 정답 확인 

개념	문제 번호
05일차 소수 두 자리 수 알아보기	2, 6
06일차 소수 두 자리 수에서 각 자리의 숫자 알아보기	3(1), 8, 12
07일차 소수 세 자리 수 알아보기	1, 2, 7, 10
08일차 소수 세 자리 수에서 각 자리의 숫자 알아보기	3(2), 3(3), 7
09일차 소수의 크기 비교	4, 5, 10, 13
10일차 소수 사이의 관계	9, 11

미래엔

환경 지킴이

우리가 살아가야 할 지구, 이 지구를 지키기 위해 우리는 생활 속에서 항상 환경을 지키려는 노력을 해야 합니다. 공원에서 찾을 수 있는 환경지킴이가 아닌 사람을 찾아 ○표 하세요.

소수의 덧셈과 뺄셈

공부 계획

12일차	소수 한 자리 수의 덧셈	월	일
13일차	소수 두 자리 수의 덧셈	월	일
14일차	자릿수가 다른 소수의 덧셈	월	일
15일차	소수 한 자리 수의 뺄셈	월	일
16일차	소수 두 자리 수의 뺄셈	월	일
17일차	자릿수가 다른 소수의 뺄셈	월	일
18일차	마무리 하기	월	일
19일차	세 소수의 덧셈	월	일
20일차	세 소수의 뺄셈	월	일
21일차	세 소수의 덧셈과 뺄셈	월	일
22일차	분수와 소수의 크기 비교	월	일
23일차	분수와 소수가 있는 두 수의 덧셈	월	일
24일차	분수와 소수가 있는 두 수의 뺄셈	월	일
25일차	마무리 하기	월	일

12 일차 소수 한 자리 수의 덧셈

1.3+1.4는 얼마인지 알아볼까요? — 받아올림이 없는 계산

스마트 학습

방법 1 그림으로 알아보기

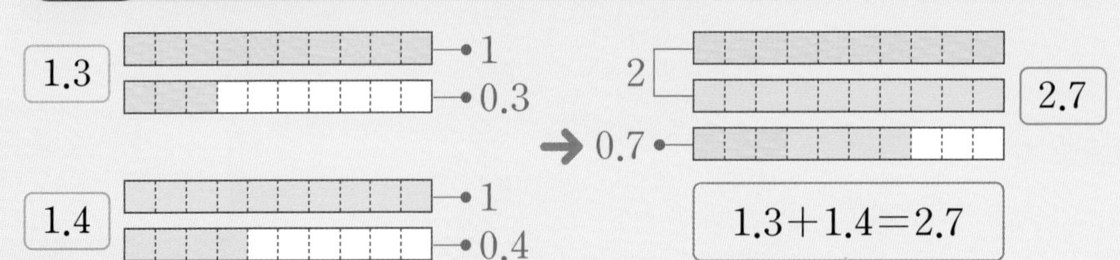

방법 2 세로셈으로 알아보기

$$\begin{array}{r} 1.3 \\ +\ 1.4 \\ \hline \end{array} \rightarrow \begin{array}{r} 1.3 \\ +\ 1.4 \\ \hline 7 \end{array} \rightarrow \begin{array}{r} 1.3 \\ +\ 1.4 \\ \hline 2.7 \end{array}$$

❶ 소수점의 자리를 맞추어 세로로 씁니다.

❷ 각 자리 수끼리 더하고 소수점을 내려 찍습니다.

개념 확인

1 □ 안에 알맞은 수를 써넣으세요.

(1)

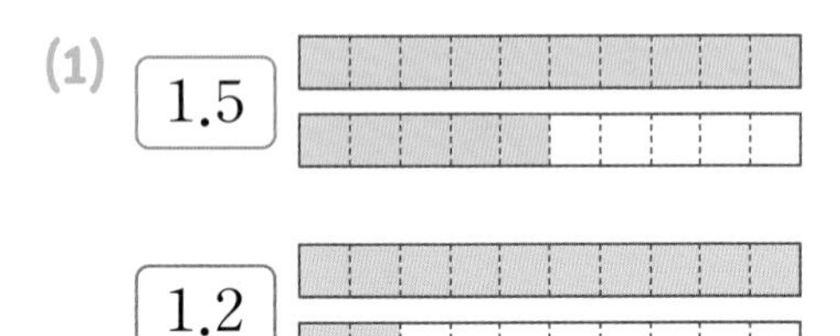

1.5+1.2=□

(2)

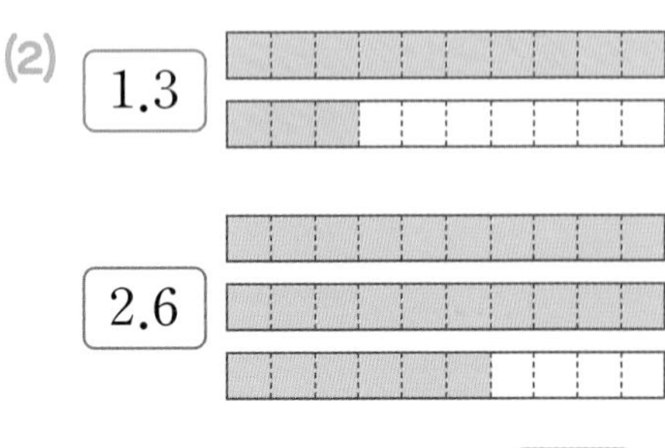

1.3+2.6=□

(3)
$$\begin{array}{r} 2.4 \\ +\ 3.1 \\ \hline \square.\square \end{array}$$

(4)
$$\begin{array}{r} 6.3 \\ +\ 3.4 \\ \hline \square.\square \end{array}$$

(5)
$$\begin{array}{r} 3.7 \\ +\ 1.2 \\ \hline \square.\square \end{array}$$

(6)
$$\begin{array}{r} 4.5 \\ +\ 2.3 \\ \hline \square.\square \end{array}$$

2.8+4.5는 얼마인지 알아볼까요? —• 받아올림이 있는 계산

방법 ① 0.1의 개수로 알아보기

$$\begin{array}{r} 2.8 \\ +\ 4.5 \\ \hline \end{array} \rightarrow \begin{array}{rr} 2.8\text{은} & 0.1\text{이 } 28\text{개} \\ +\ 4.5\text{는} & 0.1\text{이 } 45\text{개} \\ \hline & 0.1\text{이 } 73\text{개} \end{array} \rightarrow \begin{array}{r} 2.8 \\ +\ 4.5 \\ \hline 7.3 \end{array}$$

방법 ② 세로셈으로 알아보기

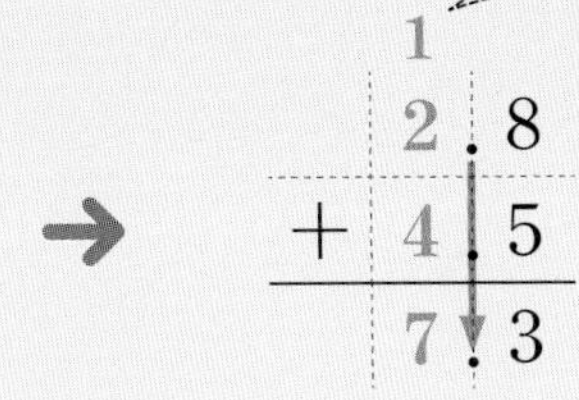

$$\begin{array}{r} 2.8 \\ +\ 4.5 \\ \hline \end{array} \rightarrow \begin{array}{r} {\scriptstyle 1} \\ 2.8 \\ +\ 4.5 \\ \hline 3 \end{array} \rightarrow \begin{array}{r} {\scriptstyle 1} \\ 2.8 \\ +\ 4.5 \\ \hline 7.3 \end{array}$$

❶ 소수점의 자리를 맞추어 세로로 씁니다.

❷ 자연수의 덧셈과 같이 계산하고 소수점을 내려 찍습니다.

개념 확인

2 □ 안에 알맞은 수를 써넣으세요.

(1)
$$\begin{array}{rr} 4.3\text{은} & 0.1\text{이 } 43\text{ 개} \\ +\ 1.9\text{는} & 0.1\text{이 } 19\text{ 개} \\ \hline & 0.1\text{이 } \square\text{개} \end{array} \rightarrow \begin{array}{r} 4.3 \\ +\ 1.9 \\ \hline \square \end{array}$$

(2)
$$\begin{array}{rr} 7.4\text{는} & 0.1\text{이 } 74\text{ 개} \\ +\ 5.8\text{은} & 0.1\text{이 } 58\text{ 개} \\ \hline & 0.1\text{이 } \square\text{개} \end{array} \rightarrow \begin{array}{r} 7.4 \\ +\ 5.8 \\ \hline \square \end{array}$$

(3)
$$\begin{array}{rr} 9.3\text{은} & 0.1\text{이 } 93\text{ 개} \\ +\ 2.8\text{은} & 0.1\text{이 } 28\text{ 개} \\ \hline & 0.1\text{이 } \square\text{개} \end{array} \rightarrow \begin{array}{r} 9.3 \\ +\ 2.8 \\ \hline \square \end{array}$$

(4)
$$\begin{array}{r} \square \\ 2.7 \\ +\ 5.8 \\ \hline \square.\square \end{array}$$

(5)
$$\begin{array}{r} \square \\ 1.6 \\ +\ 6.5 \\ \hline \square.\square \end{array}$$

(6)
$$\begin{array}{r} \square \\ 3.4 \\ +\ 2.9 \\ \hline \square.\square \end{array}$$

1 수직선을 보고 □ 안에 알맞은 수를 써넣으세요.

(1) 0 0.1 0.2 0.3 0.4 0.5 0.6 0.7 0.8 0.9 1

$0.6+0.2=$ □

(2) 0 0.1 0.2 0.3 0.4 0.5 0.6 0.7 0.8 0.9 1

$0.4+0.5=$ □

2 계산해 보세요.

(1) $0.2+0.4$

(2) $\begin{array}{r} 0.3 \\ +\ 0.6 \\ \hline \end{array}$

(3) $1.5+0.7$

(4) $\begin{array}{r} 1.4 \\ +\ 0.7 \\ \hline \end{array}$

(5) $2.8+1.4$

(6) $\begin{array}{r} 3.6 \\ +\ 1.8 \\ \hline \end{array}$

(7) $5.9+2.4$

(8) $\begin{array}{r} 4.8 \\ +\ 3.3 \\ \hline \end{array}$

3 빈 곳에 알맞은 수를 써넣으세요.

(1)

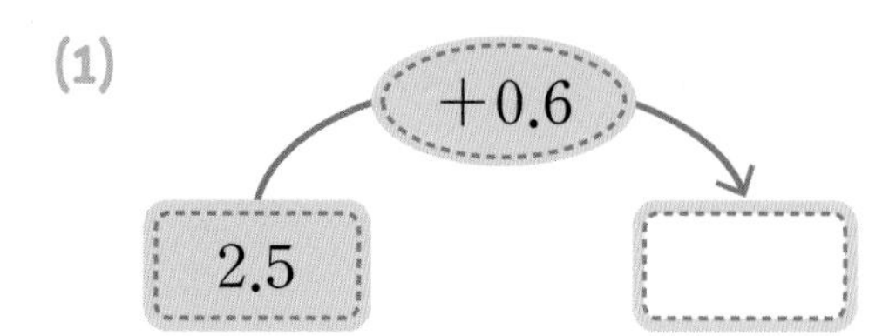

(2)

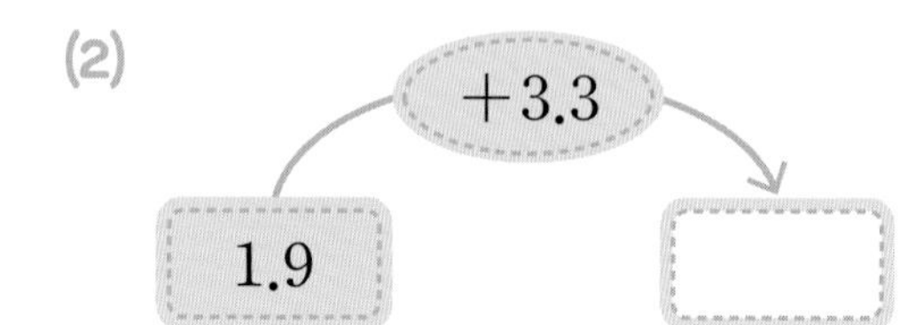

4 계산 결과가 같은 것끼리 이어 보세요.

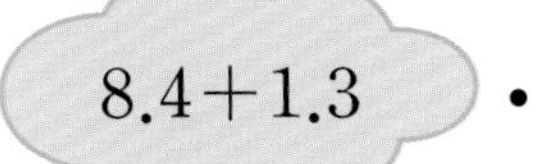

$8.4+1.3$ •	• $4.6+4.5$
$5.7+3.4$ •	• $2.8+6.9$

5 빈 곳에 알맞은 수를 써넣으세요.

(1) → ⊕ →

6.3	2.1	
1.5	9.4	

(2) → ⊕ →

0.8	3.9	
17.3	4.7	

6 ㉠과 ㉡의 합을 구해 보세요.

(1)

㉠ 0.1이 7개인 수

㉡ 0.1이 6개인 수

(　　　　　　)

(2)

㉠ 0.1이 42개인 수

㉡ 0.1이 91개인 수

(　　　　　　)

7 가 컵에는 물이 0.2 L, 나 컵에는 물이 0.5 L 들어 있습니다. 두 컵에 들어 있는 물은 모두 몇 L인가요?

식 ______________________

답 ______________ L

13 일차 소수 두 자리 수의 덧셈

1.86+2.37은 얼마인지 알아볼까요?

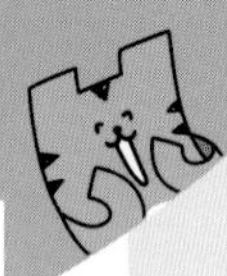

스마트 학습

방법 ① 0.01의 개수로 알아보기

1.8 6 + 2.3 7	➔	1.86은 0.01이 186개 + 2.37은 0.01이 237개 0.01이 423개	➔	1.8 6 + 2.3 7 **4.2 3**

참고 • 1.86+2.37은 0.01이 186+237=423(개)이므로 4.23입니다.
• 0.01이 ■▲●개이면 ■.▲●입니다.

개념 확인

1 ☐ 안에 알맞은 수를 써넣으세요.

(1)

4.15는 0.01이 415 개 + 1.23은 0.01이 123 개 0.01이 ☐개	➔	4.1 5 + 1.2 3 ☐

(2)

3.62는 0.01이 362 개 + 5.31은 0.01이 531 개 0.01이 ☐개	➔	3.6 2 + 5.3 1 ☐

(3)

6.47은 0.01이 647 개 + 1.36은 0.01이 136 개 0.01이 ☐개	➔	6.4 7 + 1.3 6 ☐

(4)

2.85는 0.01이 285 개 + 3.29는 0.01이 329 개 0.01이 ☐개	➔	2.8 5 + 3.2 9 ☐

방법 2 세로셈으로 알아보기

$$\begin{array}{r} {}^{1}\\ 1.86 \\ +\ 2.37 \\ \hline 3 \end{array} \rightarrow \begin{array}{r} 1\ 1\\ 1.86 \\ +\ 2.37 \\ \hline 23 \end{array} \rightarrow \begin{array}{r} 1\ 1\\ 1.86 \\ +\ 2.37 \\ \hline 4.23 \end{array}$$

$6+7=13$ $1+8+3=12$ $1+1+2=4$

① 소수점의 자리를 맞추어 세로로 씁니다.

② 자연수의 덧셈과 같이 계산하고 소수점을 내려 찍습니다.

받아올림한 수는 윗자리의 계산에 더하는 것을 잊지 않도록 주의해!

개념 확인

2 ☐ 안에 알맞은 수를 써넣으세요.

(1)
$$\begin{array}{r} 1.42 \\ +\ 5.13 \\ \hline \square.\square\square \end{array}$$

(2)
$$\begin{array}{r} 3.36 \\ +\ 6.42 \\ \hline \square.\square\square \end{array}$$

(3)
$$\begin{array}{r} 2.71 \\ +\ 5.24 \\ \hline \square.\square\square \end{array}$$

(4)
$$\begin{array}{r} 4.13 \\ +\ 3.85 \\ \hline \square.\square\square \end{array}$$

(5)
$$\begin{array}{r} \square \\ 1.27 \\ +\ 3.28 \\ \hline \square.\square\square \end{array}$$

(6)
$$\begin{array}{r} \square \\ 1.93 \\ +\ 6.41 \\ \hline \square.\square\square \end{array}$$

(7)
$$\begin{array}{r} \square\ \square \\ 3.75 \\ +\ 2.86 \\ \hline \square.\square\square \end{array}$$

(8)
$$\begin{array}{r} \square\ \square \\ 3.64 \\ +\ 5.68 \\ \hline \square.\square\square \end{array}$$

1 그림을 보고 □ 안에 알맞은 수를 써넣으세요.

(1)

$0.35+0.12=$ □

(2)

$0.48+0.24=$ □

2 계산해 보세요.

(1) $0.43+0.24$

(2)
$$\begin{array}{r} 0.26 \\ +\ 0.15 \\ \hline \end{array}$$

(3) $1.45+0.37$

(4)
$$\begin{array}{r} 2.17 \\ +\ 3.48 \\ \hline \end{array}$$

(5) $12.54+1.85$

(6)
$$\begin{array}{r} 16.79 \\ +\ 4.53 \\ \hline \end{array}$$

3 빈 곳에 알맞은 수를 써넣으세요.

(1)

0.42	+1.25	

(2)

3.63	+2.76	

4 설명하는 수가 얼마인지 구해 보세요.

(1) 0.43보다 2.12 큰 수

(　　　　　)

(2) 5.67보다 1.56 큰 수

(　　　　　)

5 계산 결과를 비교하여 ○ 안에 >, =, <를 알맞게 써넣으세요.

(1) $0.25+1.31$ ○ $0.84+0.62$

(2) $2.24+4.17$ ○ $3.64+2.79$

6 가장 큰 수와 가장 작은 수의 합을 구해 보세요.

1.76　　5.18　　6.43

(　　　　　)

7 은우는 누나와 함께 농장에서 딸기 따기 체험을 했습니다. 딸기를 은우는 0.64 kg 땄고, 누나는 은우보다 0.28 kg 더 많이 땄습니다. 누나가 딴 딸기는 몇 kg인가요?

식

답 　　　　　kg

2.87+3.5는 얼마인지 알아볼까요?

방법 ① 0.01의 개수로 알아보기

스마트 학습

$$\begin{array}{r} 2.87 \\ +\ 3.5 \\ \hline \end{array} \rightarrow \begin{array}{rl} 2.87\text{은} & 0.01\text{이 } 287\text{개} \\ +\ 3.5\text{는} & 0.01\text{이 } 350\text{개} \\ \hline & 0.01\text{이 } 637\text{개} \end{array} \rightarrow \begin{array}{r} 2.87 \\ +\ 3.50 \\ \hline 6.37 \end{array}$$

참고 소수 부분의 자릿수가 다를 때는 소수의 오른쪽 끝자리 뒤에 0이 있다고 생각하여 자릿수를 같게 만든 다음 계산합니다.

예 3.5=3.50

→ 3.50은 0.01이 350개인 수라고 할 수 있어요.

개념 확인

1 ▢ 안에 알맞은 수를 써넣으세요.

(1)

$$\begin{array}{rl} 1.54\text{는} & 0.01\text{이 } 154\text{개} \\ +\ 0.30\text{은} & 0.01\text{이 } \square\text{개} \\ \hline & 0.01\text{이 } \square\text{개} \end{array} \rightarrow \begin{array}{r} 1.54 \\ +\ 0.30 \\ \hline \square \end{array}$$

(2)

$$\begin{array}{rl} 7.4\text{는} & 0.01\text{이 } \square\text{개} \\ +\ 0.12\text{는} & 0.01\text{이 } 12\text{개} \\ \hline & 0.01\text{이 } \square\text{개} \end{array} \rightarrow \begin{array}{r} 7.40 \\ +\ 0.12 \\ \hline \square \end{array}$$

(3)

$$\begin{array}{rl} 6.42\text{는} & 0.01\text{이 } \square\text{개} \\ +\ 0.9\text{는} & 0.01\text{이 } \square\text{개} \\ \hline & 0.01\text{이 } \square\text{개} \end{array} \rightarrow \begin{array}{r} 6.42 \\ +\ 0.90 \\ \hline \square \end{array}$$

(4)

$$\begin{array}{rl} 9.4\text{는} & 0.01\text{이 } \square\text{개} \\ +\ 2.63\text{은} & 0.01\text{이 } \square\text{개} \\ \hline & 0.01\text{이 } \square\text{개} \end{array} \rightarrow \begin{array}{r} 9.40 \\ +\ 2.63 \\ \hline \square \end{array}$$

방법 ② 세로셈으로 알아보기

받아올림한 수는 윗자리의 계산에 더해.

	2	.	8	7
+	3	.	5	0
				7

$7+0=7$

→

			1	
	2	.	8	7
+	3	.	5	0
			3	7

$8+5=13$

→

	1			
	2	.	8	7
+	3	.	5	0
	6	.	3	7

$1+2+3=6$

❶ 소수점의 자리를 맞추어 세로로 씁니다.

❷ 자연수의 덧셈과 같이 계산하고 소수점을 내려 찍습니다.

개념 확인

2 □ 안에 알맞은 수를 써넣으세요.

(1)
```
   4 . 3 0
+  1 . 2 5
----------
   □.□□
```

(2)
```
   3 . 4 6
+  5 . 3 0
----------
   □.□□
```

(3)
```
   □
   2 . 4 8
+  4 . 9 0
----------
   □.□□
```

(4)
```
   □
   1 . 8 0
+  7 . 3 1
----------
   □.□□
```

(5)
```
   □
   7 . 7
+  0 . 6 4
----------
   □.□□
```

(6)
```
   □
   1 . 4 8
+  2 . 9
----------
   □.□□
```

(7)
```
   □
   0 . 7 2
+  6 . 5
----------
   □.□□
```

(8)
```
    □
    8 . 5
+   6 . 9 3
-----------
  □□.□□
```

1 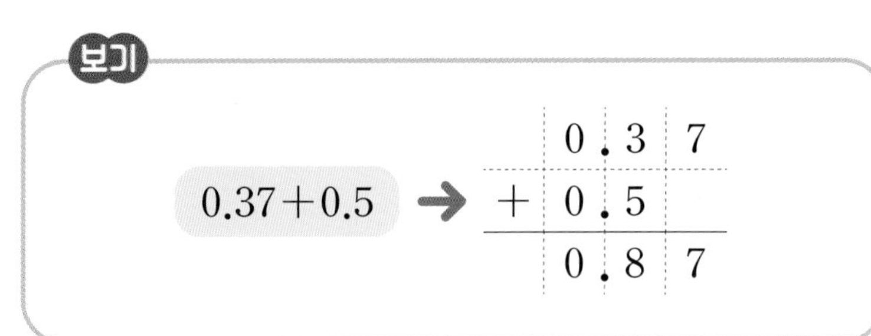와 같이 세로로 써서 계산해 보세요.

(1) $2.3+1.52$ → +

(2) $0.46+1.3$ → +

2 계산해 보세요.

(1) $0.96+1.4$

(2) $\begin{array}{r} 2.9 \\ +\ 3.34 \\ \hline \end{array}$

(3) $5.6+2.72$

(4) $\begin{array}{r} 4.75 \\ +\ 1.8 \\ \hline \end{array}$

(5) $13.5+3.87$

(6) $\begin{array}{r} 14.73 \\ +\ \ 6.5 \\ \hline \end{array}$

3 빈 곳에 알맞은 수를 써넣으세요.

(1) 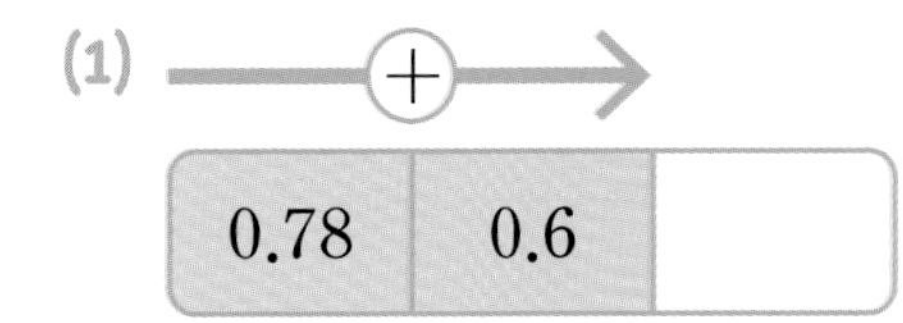

(2) 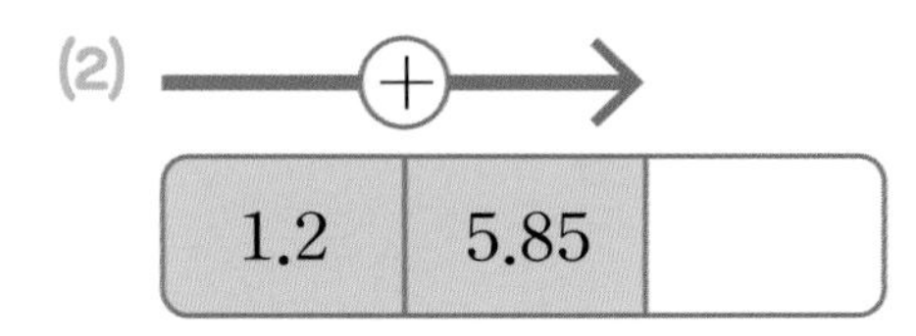

4 계산이 잘못된 곳을 찾아 바르게 계산해 보세요.

(1)

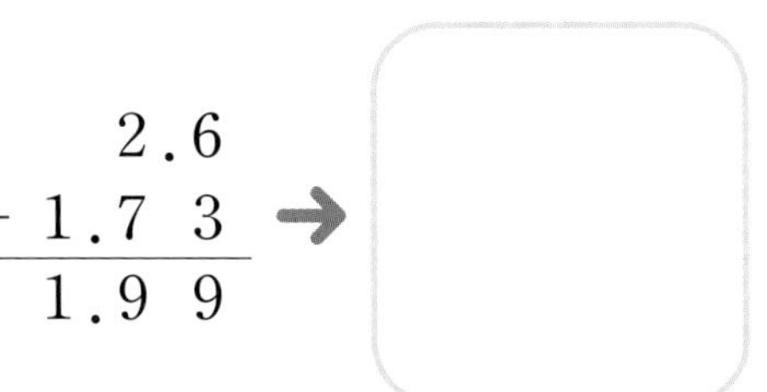

(2)

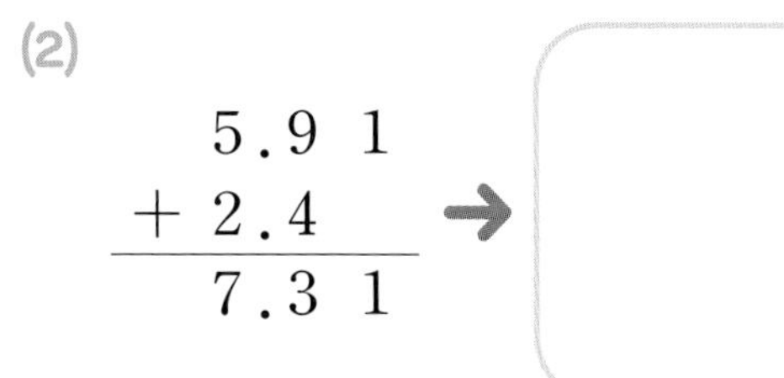

5 □ 안에 알맞은 수를 써넣으세요.

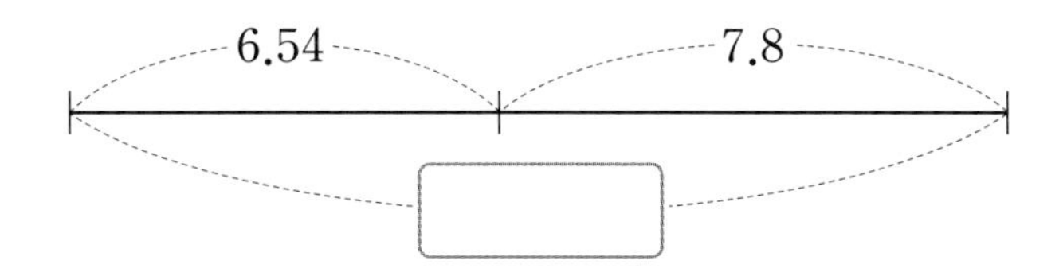

6 계산 결과가 더 큰 것이 쓰인 칸을 색칠해 보세요.

(1) $2.76+3.6$ | $1.8+4.72$

(2) $5.19+2.4$ | $4.5+2.83$

7 지은이의 책가방 무게는 3.71 kg이고, 선우의 책가방 무게는 4.3 kg입니다. 지은이와 선우의 책가방 무게의 합은 몇 kg인가요?

식

답 ______ kg

14일차 정답 확인

15 일차

소수 한 자리 수의 뺄셈

2.6-0.4는 얼마인지 알아볼까요? —• 받아내림이 없는 계산

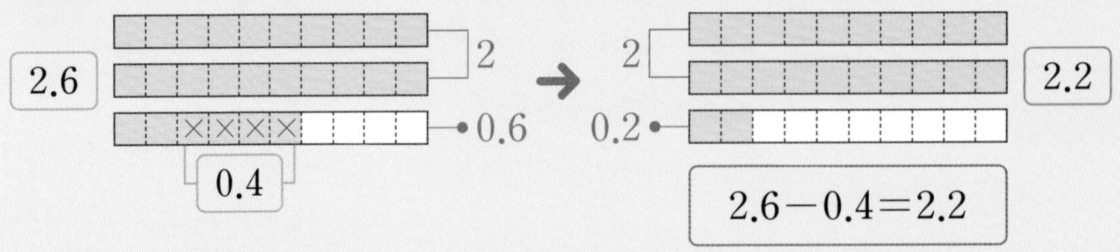

스마트 학습

방법 2 세로셈으로 알아보기

$$\begin{array}{r} 2.6 \\ -\ 0.4 \\ \hline \end{array} \rightarrow \begin{array}{r} 2.6 \\ -\ 0.4 \\ \hline 2 \end{array} \rightarrow \begin{array}{r} 2.6 \\ -\ 0.4 \\ \hline 2.2 \end{array}$$

❶ 소수점의 자리를 맞추어 세로로 씁니다.

❷ 각 자리 수끼리 빼고 소수점을 내려 찍습니다.

개념 확인

1 ☐ 안에 알맞은 수를 써넣으세요.

(1)

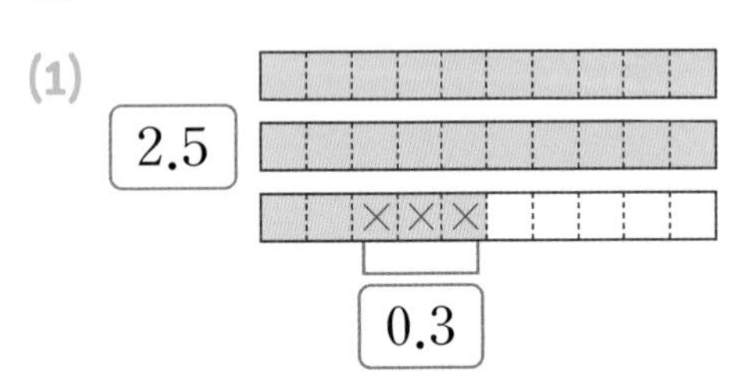

2.5−0.3=☐

(2)

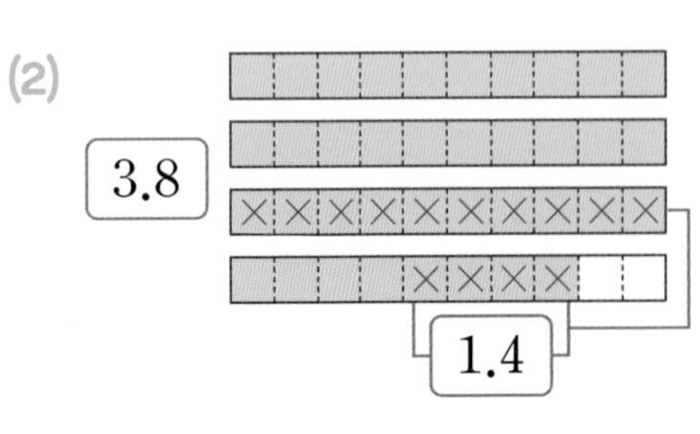

3.8−1.4=☐

(3)
$$\begin{array}{r} 5.6 \\ -\ 0.3 \\ \hline \square.\square \end{array}$$

(4)
$$\begin{array}{r} 9.7 \\ -\ 5.4 \\ \hline \square.\square \end{array}$$

(5)
$$\begin{array}{r} 4.5 \\ -\ 1.4 \\ \hline \square.\square \end{array}$$

(6)
$$\begin{array}{r} 2.8 \\ -\ 1.6 \\ \hline \square.\square \end{array}$$

4.2 - 1.7은 얼마인지 알아볼까요? —• 받아내림이 있는 계산

방법 ① 0.1의 개수로 알아보기

$$\begin{array}{r} 4.2 \\ -\ 1.7 \\ \hline \end{array} \rightarrow \begin{array}{rr} 4.2\text{는} & 0.1\text{이 } 42\text{개} \\ -\ 1.7\text{은} & 0.1\text{이 } 17\text{개} \\ \hline & 0.1\text{이 } 25\text{개} \end{array} \rightarrow \begin{array}{r} 4.2 \\ -\ 1.7 \\ \hline 2.5 \end{array}$$

방법 ② 세로셈으로 알아보기

$$\begin{array}{r} 4.2 \\ -\ 1.7 \\ \hline \end{array} \rightarrow \begin{array}{r} {}^{3}\ {}^{10} \\ \not{4}.2 \\ -\ 1.7 \\ \hline 5 \end{array} \rightarrow \begin{array}{r} {}^{3}\ {}^{10} \\ \not{4}.2 \\ -\ 1.7 \\ \hline 2.5 \end{array}$$

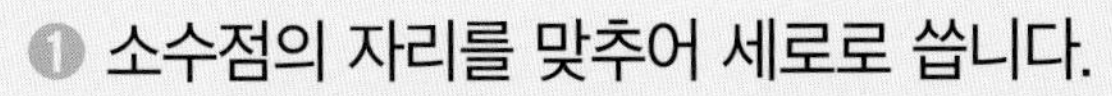

① 소수점의 자리를 맞추어 세로로 씁니다.

② 자연수의 뺄셈과 같이 계산하고 소수점을 내려 찍습니다.

아랫자리로 받아내림한 뒤 받아내림한 수를 빼는 것을 잊지 않도록 주의해.

개념 확인

2 □ 안에 알맞은 수를 써넣으세요.

(1)

$$\begin{array}{rr} 7.6\text{은} & 0.1\text{이 } 76\text{ 개} \\ -\ 3.8\text{은} & 0.1\text{이 } 38\text{ 개} \\ \hline & 0.1\text{이 } \square\text{개} \end{array} \rightarrow \begin{array}{r} 7.6 \\ -\ 3.8 \\ \hline \square \end{array}$$

(2)

$$\begin{array}{rr} 6.3\text{은} & 0.1\text{이 } 63\text{ 개} \\ -\ 5.5\text{는} & 0.1\text{이 } 55\text{ 개} \\ \hline & 0.1\text{이 } \square\text{개} \end{array} \rightarrow \begin{array}{r} 6.3 \\ -\ 5.5 \\ \hline \square \end{array}$$

(3)

$$\begin{array}{rr} 10.2\text{는} & 0.1\text{이 } 102\text{ 개} \\ -\ 4.7\text{은} & 0.1\text{이 } 47\text{ 개} \\ \hline & 0.1\text{이 } \square\text{개} \end{array} \rightarrow \begin{array}{r} 10.2 \\ -\ 4.7 \\ \hline \square \end{array}$$

(4)

$$\begin{array}{r} \square\ \square \\ \not{5}.2 \\ -\ 0.6 \\ \hline \square.\square \end{array}$$

(5)

$$\begin{array}{r} \square\ \square \\ \not{8}.4 \\ -\ 2.9 \\ \hline \square.\square \end{array}$$

(6)

$$\begin{array}{r} \square\ \square \\ \not{9}.5 \\ -\ 6.8 \\ \hline \square.\square \end{array}$$

그림을 보고 ☐ 안에 알맞은 수를 써넣으세요.

(1)

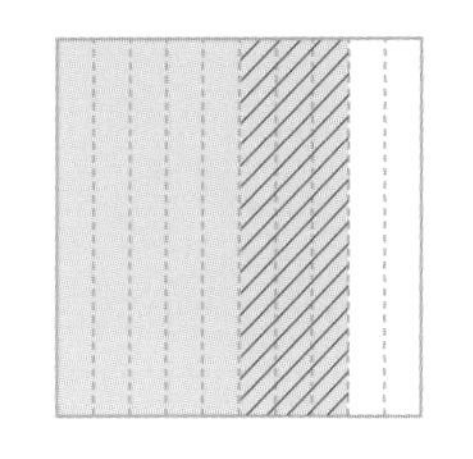

$0.8-0.3=$ ☐

(2)

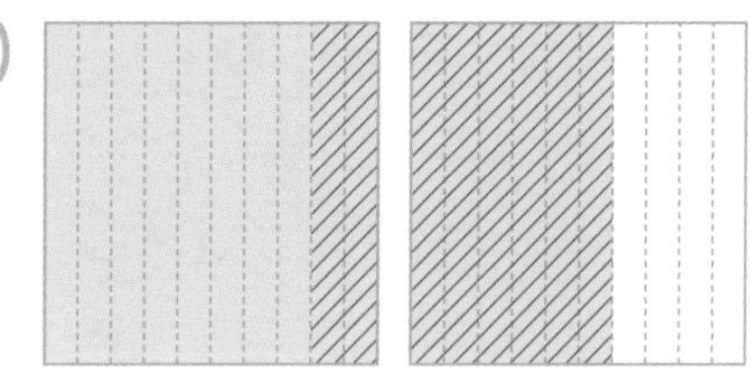

$1.6-0.8=$ ☐

2 계산해 보세요.

(1) $0.7-0.2$

(2) $\begin{array}{r} 1.3 \\ -\ 0.6 \\ \hline \end{array}$

(3) $4.6-1.4$

(4) $\begin{array}{r} 3.4 \\ -\ 1.5 \\ \hline \end{array}$

(5) $2.5-0.8$

(6) $\begin{array}{r} 7.2 \\ -\ 3.8 \\ \hline \end{array}$

(7) $6.4-3.6$

(8) $\begin{array}{r} 12.1 \\ -\ 6.8 \\ \hline \end{array}$

빈 곳에 알맞은 수를 써넣으세요.

(1) 5.9

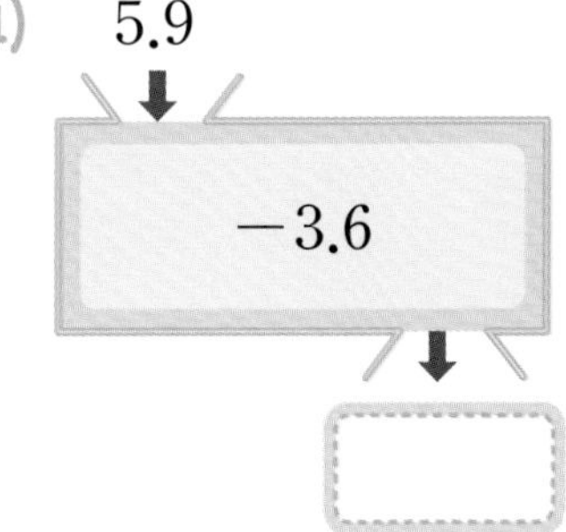

(2) 7.3

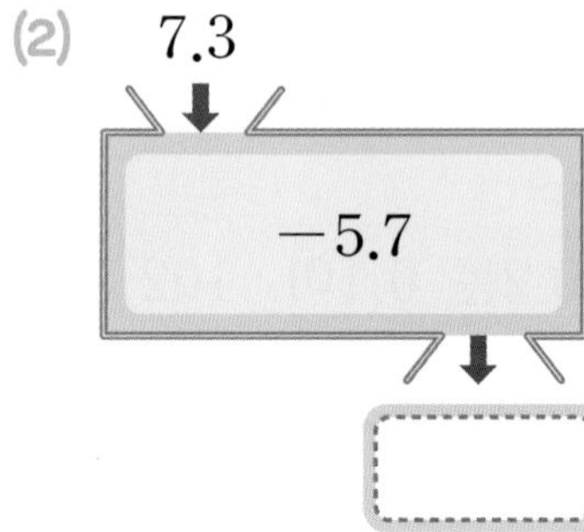

4 계산 결과가 같은 것끼리 이어 보세요.

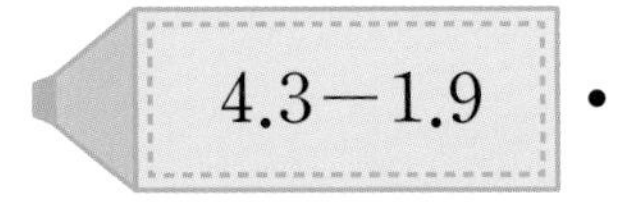

$4.3-1.9$ •	• $6.2-2.8$
$5.6-2.2$ •	• $3.7-1.3$

5 두 수의 차를 구해 보세요.

(1) 13.1 8.9

( )

(2)

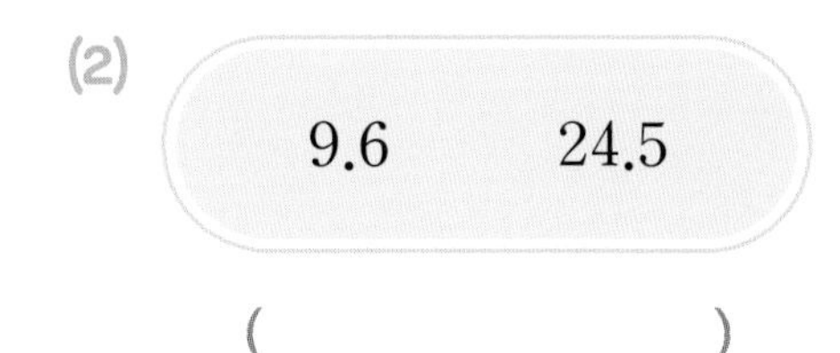

9.6 24.5

( )

6 계산 결과를 비교하여 더 큰 것에 ○표 하세요.

(1)

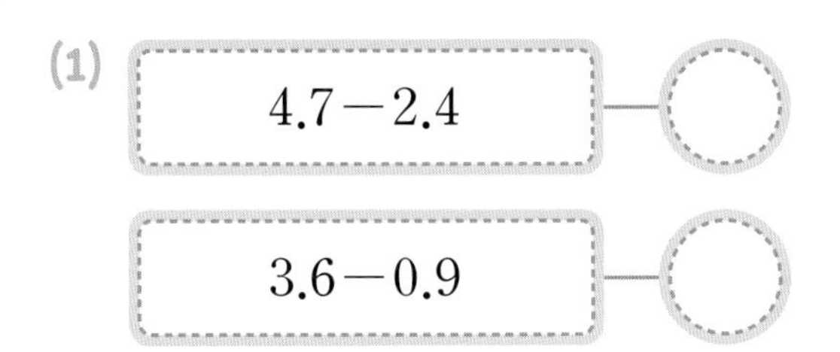

$4.7-2.4$ — ○

$3.6-0.9$ — ○

(2)

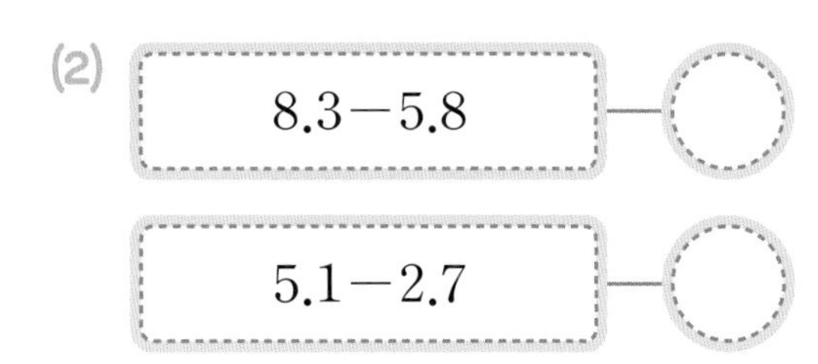

$8.3-5.8$ — ○

$5.1-2.7$ — ○

7 주스가 1.2 L 있었습니다. 준영이가 운동을 한 후 마시고 남은 주스는 0.8 L입니다. 준영이가 마신 주스는 몇 L인가요?

식

답 L

6.23 - 3.56은 얼마인지 알아볼까요?

방법 ① 0.01의 개수로 알아보기

$$\begin{array}{r} 6.23 \\ -\ 3.56 \\ \hline \end{array} \rightarrow \begin{array}{r} 6.23\text{은 } 0.01\text{이 } 623\text{개} \\ -\ 3.56\text{은 } 0.01\text{이 } 356\text{개} \\ \hline 0.01\text{이 } 267\text{개} \end{array} \rightarrow \begin{array}{r} 6.23 \\ -\ 3.56 \\ \hline \mathbf{2.67} \end{array}$$

스마트 학습

참고 • 6.23－3.56은 0.01이 623－356＝267(개)이므로 2.67입니다.
• 0.01이 ●■▲개이면 ●.■▲입니다.

개념 확인

1 ▢ 안에 알맞은 수를 써넣으세요.

(1)
$$\begin{array}{r} 0.75\text{는 } 0.01\text{이 } 75\text{ 개} \\ -\ 0.34\text{는 } 0.01\text{이 } 34\text{ 개} \\ \hline 0.01\text{이 } \square\text{개} \end{array} \rightarrow \begin{array}{r} 0.75 \\ -\ 0.34 \\ \hline \square \end{array}$$

(2)
$$\begin{array}{r} 4.12\text{는 } 0.01\text{이 } 412\text{ 개} \\ -\ 1.31\text{은 } 0.01\text{이 } 131\text{ 개} \\ \hline 0.01\text{이 } \square\text{개} \end{array} \rightarrow \begin{array}{r} 4.12 \\ -\ 1.31 \\ \hline \square \end{array}$$

(3)
$$\begin{array}{r} 8.32\text{는 } 0.01\text{이 } 832\text{ 개} \\ -\ 1.84\text{는 } 0.01\text{이 } 184\text{ 개} \\ \hline 0.01\text{이 } \square\text{개} \end{array} \rightarrow \begin{array}{r} 8.32 \\ -\ 1.84 \\ \hline \square \end{array}$$

(4)
$$\begin{array}{r} 5.43\text{은 } 0.01\text{이 } 543\text{ 개} \\ -\ 2.79\text{는 } 0.01\text{이 } 279\text{ 개} \\ \hline 0.01\text{이 } \square\text{개} \end{array} \rightarrow \begin{array}{r} 5.43 \\ -\ 2.79 \\ \hline \square \end{array}$$

방법 ② 세로셈으로 알아보기

$$\begin{array}{r} \;\;^{1}\;^{10} \\ 6.\cancel{2}\,3 \\ -\;3.5\,6 \\ \hline 7 \end{array} \rightarrow \begin{array}{r} ^{5}\;^{11}\;^{10} \\ \cancel{6}.\cancel{2}\,3 \\ -\;3.5\,6 \\ \hline 6\,7 \end{array} \rightarrow \begin{array}{r} ^{5}\;^{11}\;^{10} \\ \cancel{6}.\cancel{2}\,3 \\ -\;3.5\,6 \\ \hline 2.6\,7 \end{array}$$

$10+3-6=7$ $10+2-1-5=6$ $6-1-3=2$

① 소수점의 자리를 맞추어 세로로 씁니다.

② 자연수의 뺄셈과 같이 계산하고 소수점을 내려 찍습니다.

각 자리 수끼리 뺄 수 없으면 바로 윗자리에서 받아내림하여 계산해.

개념 확인

2 ▢ 안에 알맞은 수를 써넣으세요.

(1)
$$\begin{array}{r} 5.8\,3 \\ -\;2.6\,1 \\ \hline \square.\square\square \end{array}$$

(2)
$$\begin{array}{r} 9.5\,6 \\ -\;1.0\,5 \\ \hline \square.\square\square \end{array}$$

(3)
$$\begin{array}{r} 7.8\,5 \\ -\;4.7\,3 \\ \hline \square.\square\square \end{array}$$

(4)
$$\begin{array}{r} 3.4\,6 \\ -\;1.2\,3 \\ \hline \square.\square\square \end{array}$$

(5)
$$\begin{array}{r} \square\;\square \\ 0.\cancel{6}\,2 \\ -\;0.4\,8 \\ \hline \square.\square\square \end{array}$$

(6)
$$\begin{array}{r} \square\;\square \\ \cancel{8}.1\,6 \\ -\;5.4\,2 \\ \hline \square.\square\square \end{array}$$

(7)
$$\begin{array}{r} \square\;\square\;\square \\ \cancel{6}.\cancel{3}\,5 \\ -\;2.5\,9 \\ \hline \square.\square\square \end{array}$$

(8)
$$\begin{array}{r} \square\;\square\;\square \\ \cancel{9}.\cancel{4}\,7 \\ -\;3.9\,8 \\ \hline \square.\square\square \end{array}$$

그림을 보고 □ 안에 알맞은 수를 써넣으세요.

(1)

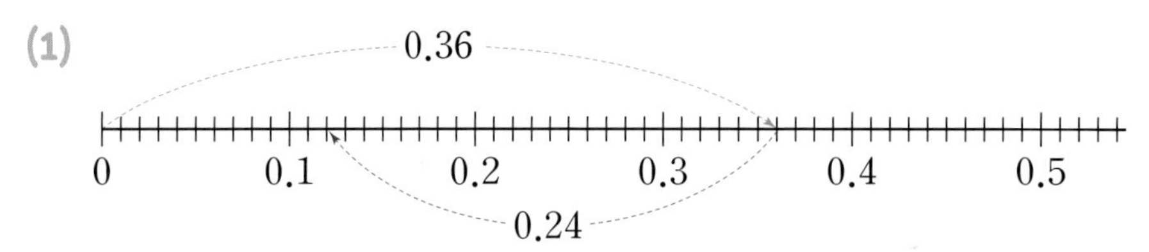

$0.36-0.24=\square$

(2)

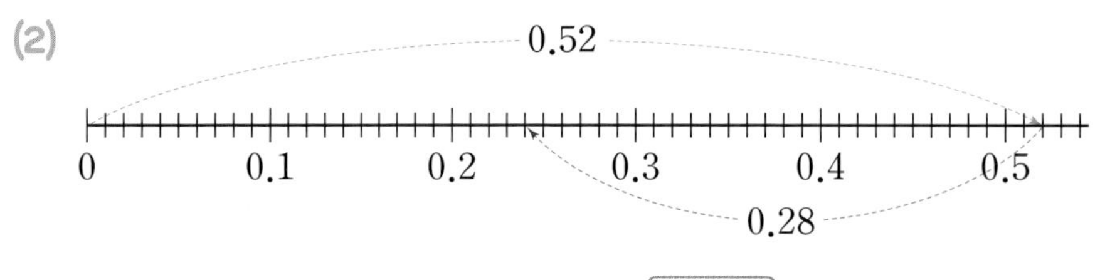

$0.52-0.28=\square$

2 계산해 보세요.

(1) $0.46-0.14$

(2)
$$\begin{array}{r} 0.83 \\ -\ 0.57 \\ \hline \end{array}$$

(3) $3.12-1.56$

(4)
$$\begin{array}{r} 5.31 \\ -\ 2.54 \\ \hline \end{array}$$

(5) $9.53-4.85$

(6)
$$\begin{array}{r} 8.14 \\ -\ 7.58 \\ \hline \end{array}$$

3 두 수의 차를 구해 보세요.

(1) 0.34 0.62

(　　　　　)

(2) 8.29 4.75

(　　　　　)

4 빈 곳에 알맞은 수를 써넣으세요.

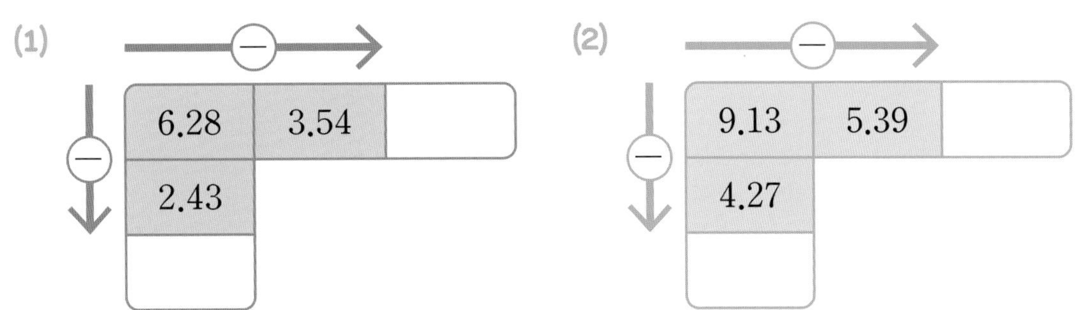

5 용준이와 지혜가 설명하는 수는 얼마인지 구해 보세요.

( ) ( )

6 가장 큰 수와 가장 작은 수의 차를 구해 보세요.

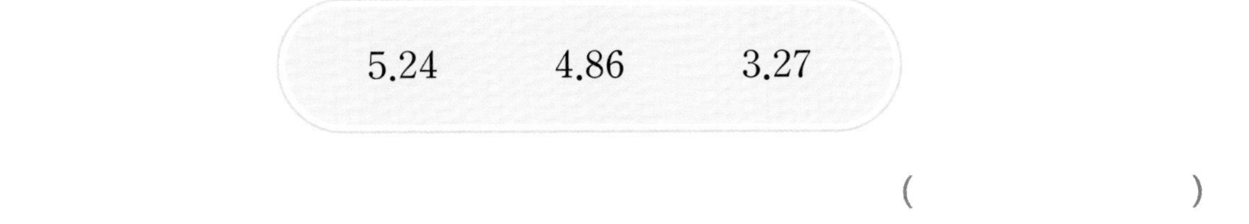

( )

7 지은이네 집에서 학교까지의 거리는 1.46 km이고 공원까지의 거리는 0.97 km입니다. 지은이네 집에서 어느 곳이 몇 km 더 가까울까요?

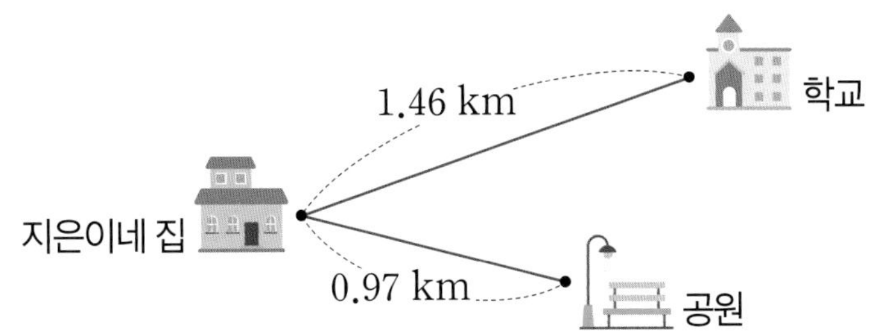

식

답 , km

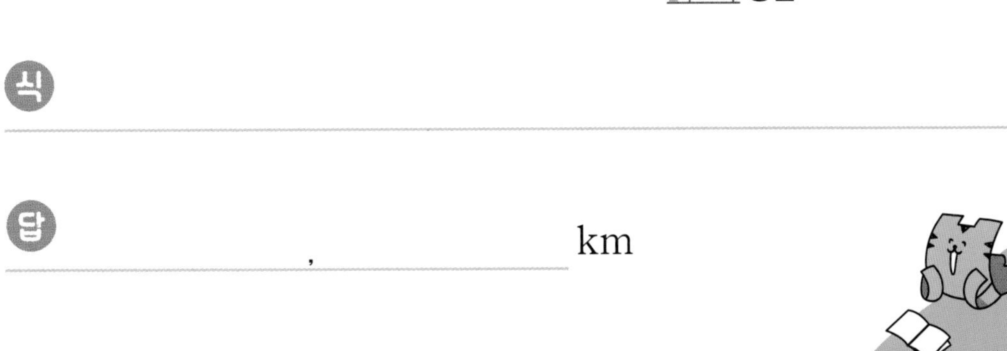

17일차 자릿수가 다른 소수의 뺄셈

5.2-1.78은 얼마인지 알아볼까요?

스마트 학습

방법 1 0.01의 개수로 알아보기

$$\begin{array}{r} 5.2 \\ -\ 1.78 \\ \hline \end{array} \rightarrow \begin{array}{rr} 5.2\text{는} & 0.01\text{이 } 520\text{개} \\ -\ 1.78\text{은} & 0.01\text{이 } 178\text{개} \\ \hline & 0.01\text{이 } 342\text{개} \end{array} \rightarrow \begin{array}{r} 5.20 \\ -\ 1.78 \\ \hline 3.42 \end{array}$$

참고 소수 부분의 자릿수가 다를 때는 소수의 오른쪽 끝자리 뒤에 0이 있다고 생각하여 자릿수를 같게 만든 다음 계산합니다.

예 5.2=5.20 → 0.01이 520개인 수라고 할 수 있습니다.

개념 확인

1 □ 안에 알맞은 수를 써넣으세요.

(1)

$$\begin{array}{rr} 3.46\text{은} & 0.01\text{이 } 346\text{ 개} \\ -\ 2.20\text{은} & 0.01\text{이 } 220\text{ 개} \\ \hline & 0.01\text{이 } \square\text{ 개} \end{array} \rightarrow \begin{array}{r} 3.46 \\ -\ 2.20 \\ \hline \square \end{array}$$

(2)

$$\begin{array}{rr} 4.3\text{은} & 0.01\text{이 } 430\text{ 개} \\ -\ 1.85\text{는} & 0.01\text{이 } \square\text{ 개} \\ \hline & 0.01\text{이 } \square\text{ 개} \end{array} \rightarrow \begin{array}{r} 4.30 \\ -\ 1.85 \\ \hline \square \end{array}$$

(3)

$$\begin{array}{rr} 7.12\text{는} & 0.01\text{이 } \square\text{ 개} \\ -\ 4.8\text{은} & 0.01\text{이 } \square\text{ 개} \\ \hline & 0.01\text{이 } \square\text{ 개} \end{array} \rightarrow \begin{array}{r} 7.12 \\ -\ 4.80 \\ \hline \square \end{array}$$

(4)

$$\begin{array}{rr} 8.5\text{는} & 0.01\text{이 } \square\text{ 개} \\ -\ 2.68\text{은} & 0.01\text{이 } \square\text{ 개} \\ \hline & 0.01\text{이 } \square\text{ 개} \end{array} \rightarrow \begin{array}{r} 8.50 \\ -\ 2.68 \\ \hline \square \end{array}$$

방법 2 세로셈으로 알아보기

$$\begin{array}{r} \scriptstyle 1\ 10 \\ 5.\not{2}\,0 \\ -\ 1.7\,8 \\ \hline 2 \end{array} \rightarrow \begin{array}{r} \scriptstyle 4\ 11\ 10 \\ \not{5}.\not{2}\,0 \\ -\ 1.7\,8 \\ \hline 4\,2 \end{array} \rightarrow \begin{array}{r} \scriptstyle 4\ 11\ 10 \\ \not{5}.\not{2}\,0 \\ -\ 1.7\,8 \\ \hline 3.4\,2 \end{array}$$

$10+0-8=2$ $10+2-1-7=4$ $5-1-1=3$

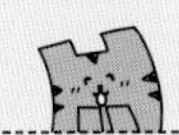

❶ 소수점의 자리를 맞추어 세로로 씁니다.

❷ 자연수의 뺄셈과 같이 계산하고 소수점을 내려 찍습니다.

소수점의 자리를 맞추지 않고 숫자끼리 맞추어 계산하지 않도록 주의해.

개념 확인

2 ☐ 안에 알맞은 수를 써넣으세요.

(1)
$$\begin{array}{r} 5.8\,7 \\ -\ 1.5\,0 \\ \hline \square.\square\square \end{array}$$

(2)
$$\begin{array}{r} 9.4\,3 \\ -\ 6.2\,0 \\ \hline \square.\square\square \end{array}$$

(3)
$$\begin{array}{r} \square\ \square\ \ \\ \not{6}.4\,5 \\ -\ 2.7\,0 \\ \hline \square.\square\square \end{array}$$

(4)
$$\begin{array}{r} \square\ \square \\ 8.\not{7}\,0 \\ -\ 5.4\,2 \\ \hline \square.\square\square \end{array}$$

(5)
$$\begin{array}{r} \square\ \square\ \ \\ \not{7}.2\,6 \\ -\ 3.3\ \ \\ \hline \square.\square\square \end{array}$$

(6)
$$\begin{array}{r} \square\ \square \\ 9.\not{6}\ \ \\ -\ 2.4\,9 \\ \hline \square.\square\square \end{array}$$

(7)
$$\begin{array}{r} \square\ \square\square \\ \not{7}.\not{4}\ \ \\ -\ 0.5\,6 \\ \hline \square.\square\square \end{array}$$

(8)
$$\begin{array}{r} \square\ \square\square \\ \not{5}.\not{3}\ \ \\ -\ 1.9\,7 \\ \hline \square.\square\square \end{array}$$

보기와 같이 세로로 써서 계산해 보세요.

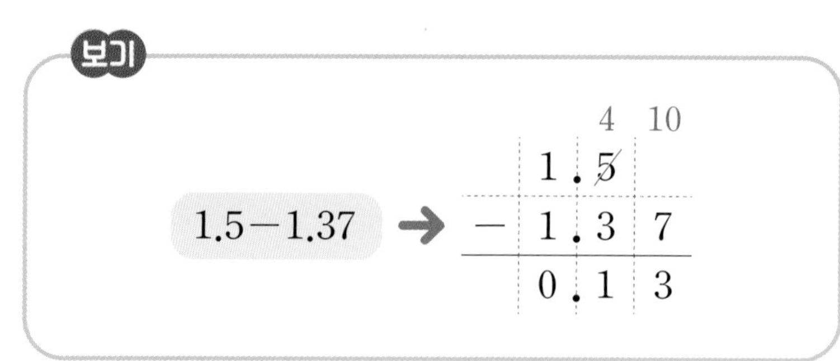

(1) 0.86−0.4 → −

(2) 4.3−1.57 → −

2 계산해 보세요.

(1) 3.54−1.2

(2)
$$\begin{array}{r} 5.9 \\ -\ 2.65 \\ \hline \end{array}$$

(3) 7.4−5.57

(4)
$$\begin{array}{r} 8.32 \\ -\ 3.8 \\ \hline \end{array}$$

(5) 9.28−4.3

(6)
$$\begin{array}{r} 6.7 \\ -\ 3.91 \\ \hline \end{array}$$

3 빈 곳에 알맞은 수를 써넣으세요.

(1)

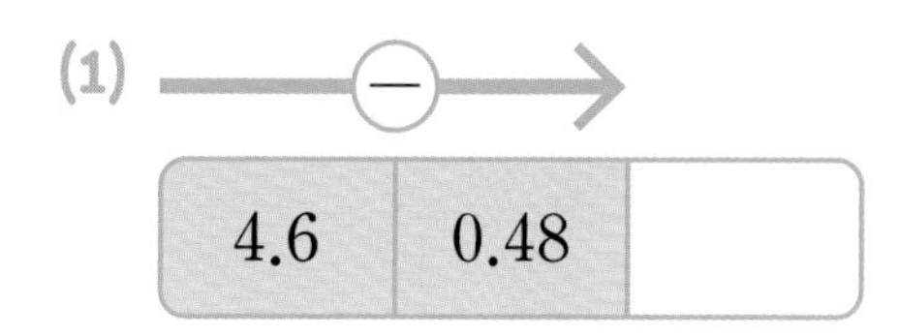

(2)

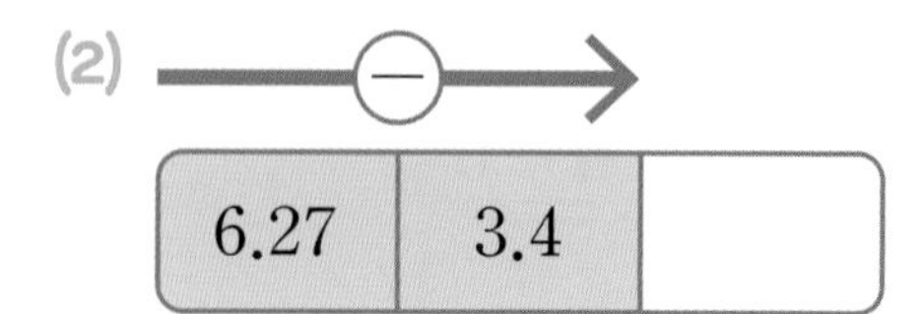

4 빈 곳에 두 수의 차를 써넣으세요.

(1)

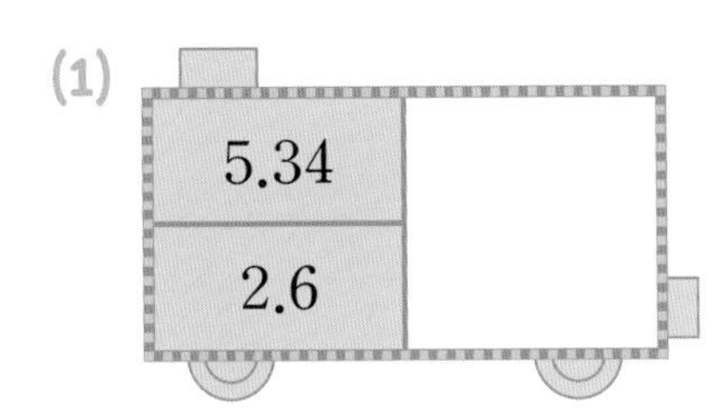

(2)

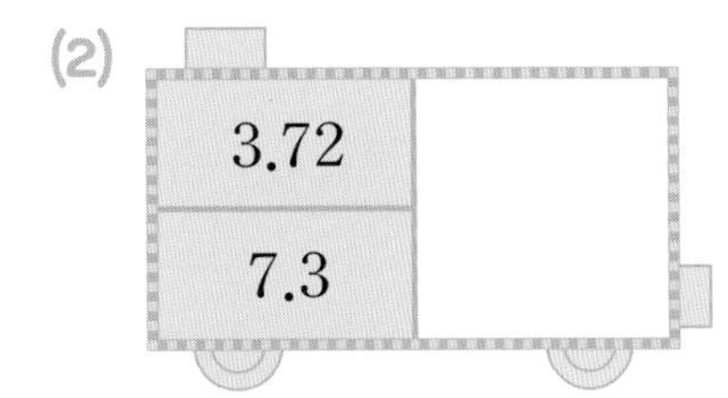

5 ☐ 안에 알맞은 수를 써넣으세요.

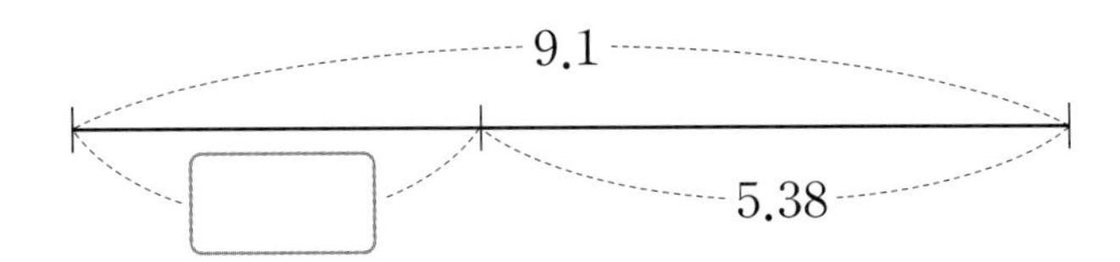

6 계산을 바르게 한 사람의 이름을 써 보세요.

(　　　　　　　)

7 들이가 5.8 L인 물통에 물이 3.26 L만큼 들어 있습니다. 이 물통을 가득 채우려면 물을 몇 L 더 부어야 할까요?

 L

18 일차 마무리 하기

1 $4.7+2.8$을 계산하려고 합니다. ▢ 안에 알맞은 수를 써넣으세요.

4.7은 0.1이 ▢개입니다.

2.8은 0.1이 ▢개입니다.

$4.7+2.8$은 0.1이 ▢개이므로 ▢입니다.

2 그림을 보고 ▢ 안에 알맞은 수를 써넣으세요.

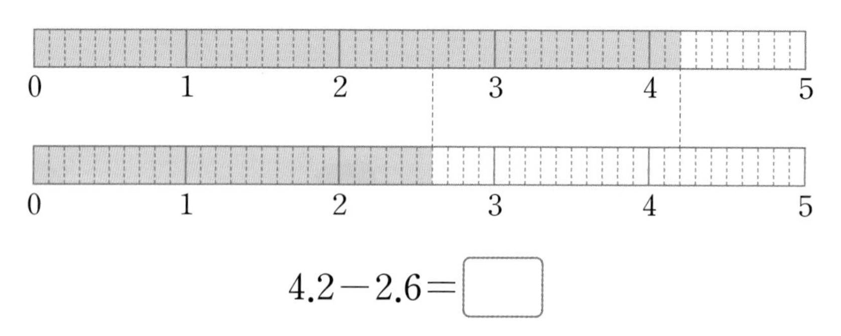

$4.2-2.6=$ ▢

3 빈 곳에 알맞은 수를 써넣으세요.

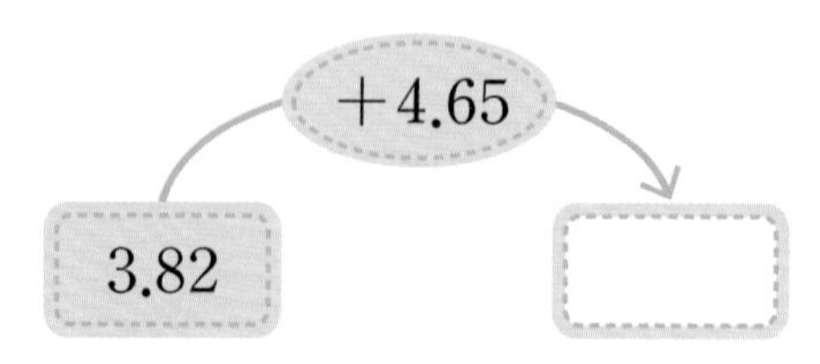

4 잘못 계산한 곳을 찾아 바르게 계산해 보세요.

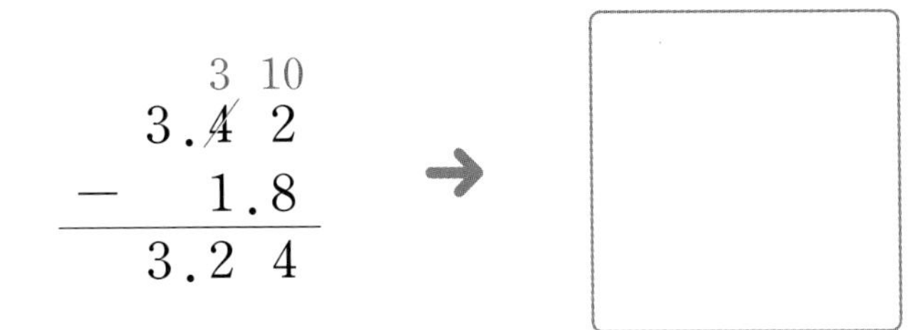

5 ☐ 안에 알맞은 수를 써넣으세요.

8.6+☐=12.3

6 지훈이가 말하는 수는 얼마인가요?

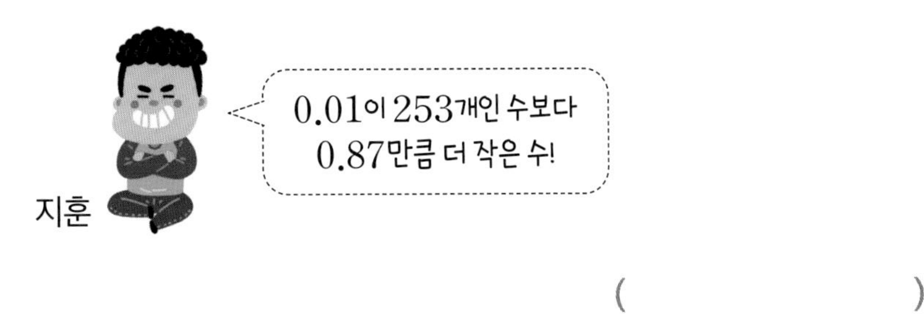

(　　　　　　　　)

7 두 수의 합과 차를 각각 구해 보세요.

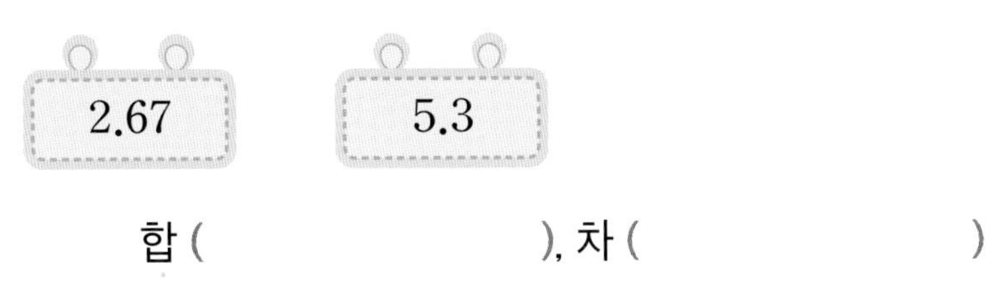

합 (　　　　　　　　), 차 (　　　　　　　　)

8 계산 결과를 비교하여 ○ 안에 $>$, $=$, $<$를 알맞게 써넣으세요.

(1) 6.7+3.62 ○ 4.83+5.8

(2) 9.35−2.8 ○ 7.8−1.25

9 가장 큰 수와 가장 작은 수의 합을 구해 보세요.

5.4　　2.36　　0.75　　3.9

(　　　　　　　　)

10 ㉠과 ㉡의 합을 구해 보세요.

3.6　　㉠　　3.7　　㉡　　3.8

(　　　　　　　　)

11 주어진 카드를 한 번씩 모두 사용하여 만들 수 있는 가장 큰 소수 두 자리 수와 가장 작은 소수 두 자리 수의 차를 구해 보세요.

3　　5　　8　　.

(　　　　　　　　)

12 민호의 몸무게는 $32.6\ \mathrm{kg}$이고, 민호 형의 몸무게는 민호보다 $5.5\ \mathrm{kg}$ 더 무겁습니다. 민호 형의 몸무게는 몇 kg인가요?

(　　　　　　　　)

13 옥수수가 들어 있는 바구니의 무게는 $3.26\ \mathrm{kg}$입니다. 빈 바구니가 $0.4\ \mathrm{kg}$일 때 바구니에 들어 있는 옥수수의 무게는 몇 kg인가요?

(　　　　　　　　)

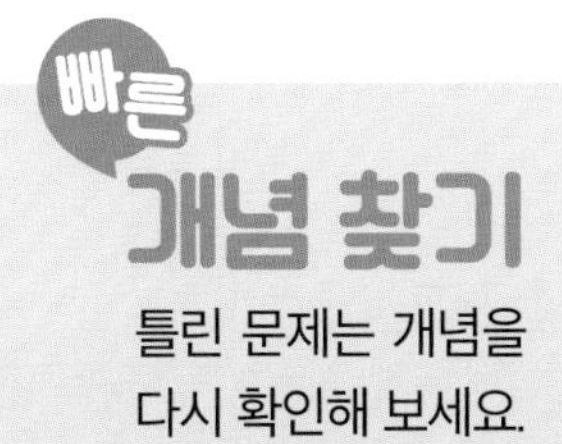

틀린 문제는 개념을 다시 확인해 보세요.

18일차 정답 확인

개념	문제 번호
12일차 소수 한 자리 수의 덧셈	1, 12
13일차 소수 두 자리 수의 덧셈	3, 10
14일차 자릿수가 다른 소수의 덧셈	7, 8(1), 9
15일차 소수 한 자리 수의 뺄셈	2, 5
16일차 소수 두 자리 수의 뺄셈	6, 11
17일차 자릿수가 다른 소수의 뺄셈	4, 7, 8(2), 13

19일차 세 소수의 덧셈

1.5+0.68+2.347은 얼마인지 알아볼까요?

방법 ① 앞에서부터 두 수씩 차례로 계산하기

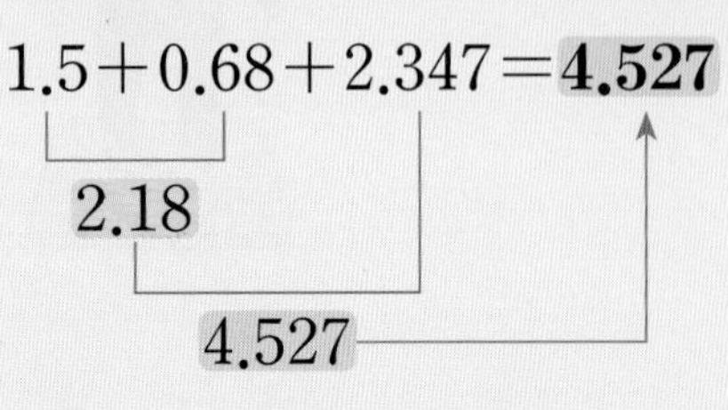

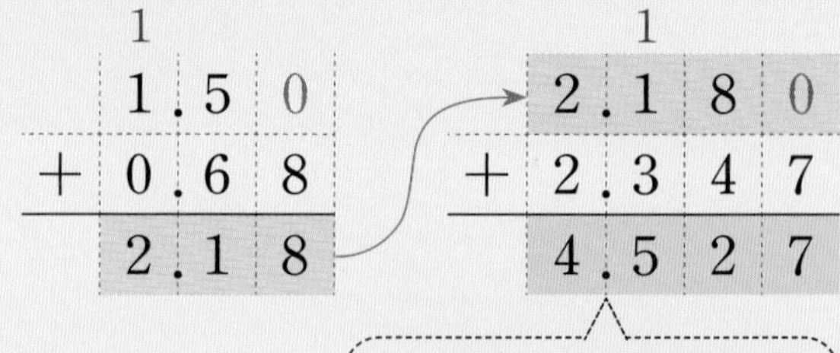

참고 세 수의 덧셈은 뒤에서부터 두 수씩 계산해도 결과는 같습니다.

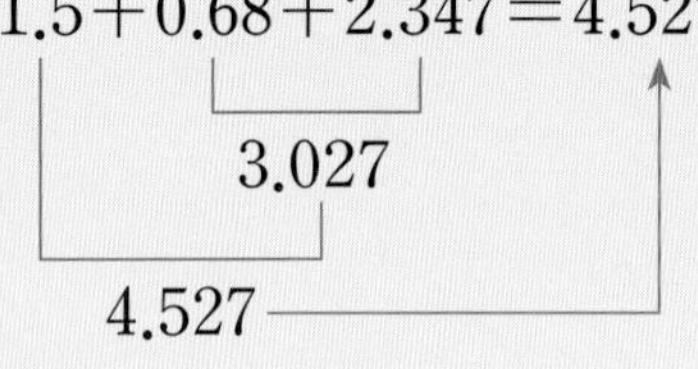

개념 확인

1 ☐ 안에 알맞은 수를 써넣으세요.

(1) 1.3+3.5+2.9=☐

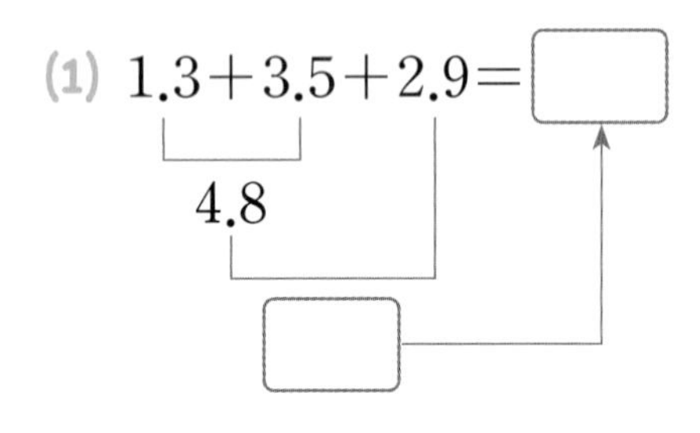

(2) 5.41+3.82+2.53=☐

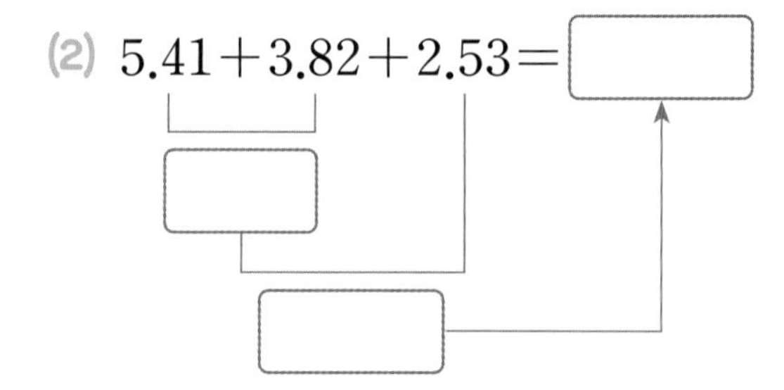

(3) 6.3+1.26+4.71=☐

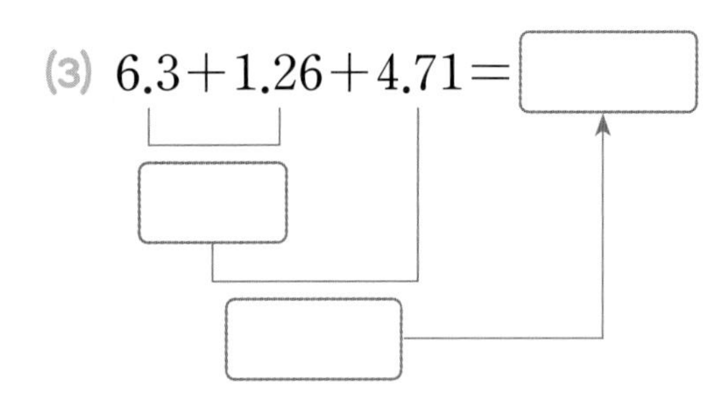

(4) 1.5+6.89+0.476=☐

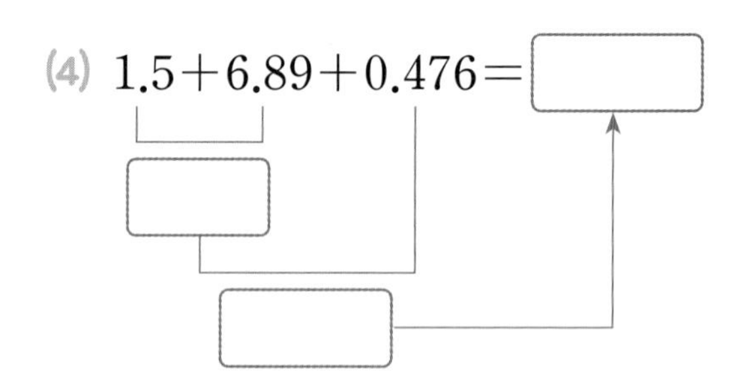

(5) 2.675+1.783+1.2=☐

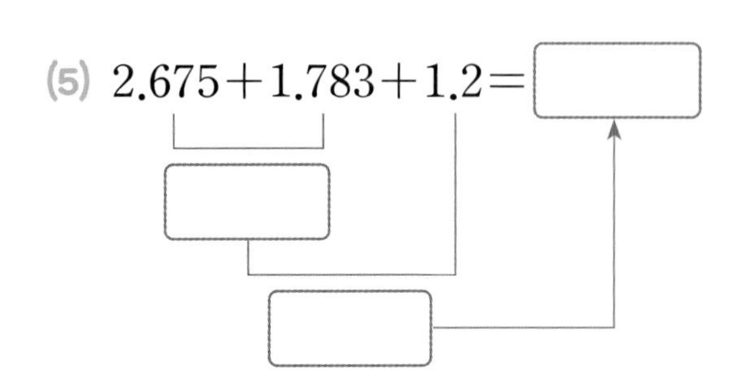

(6) 0.914+3.24+5.48=☐

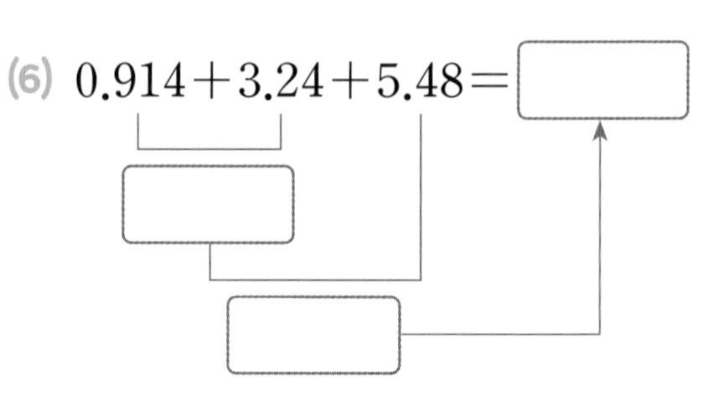

방법② 세 수를 한 번에 계산하기

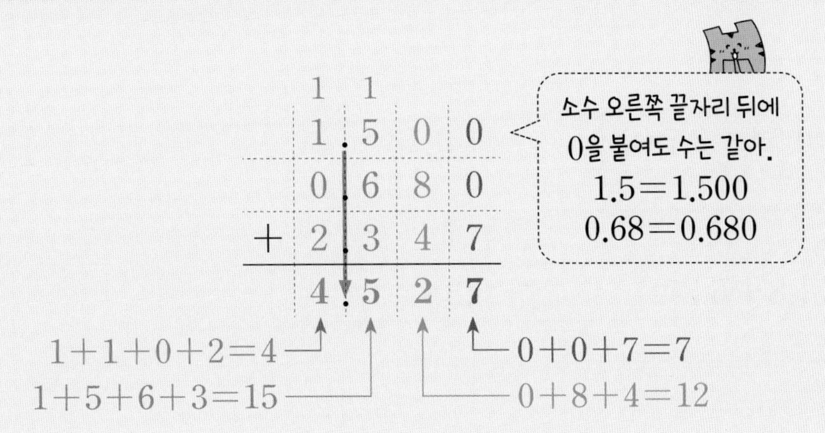

개념 확인

2 ▢ 안에 알맞은 수를 써넣으세요.

(1) $0.5 + 2.1 + 4.3 = \square.\square$

(2) $5.13 + 0.45 + 3.21 = \square.\square\square$

(3) $3.690 + 0.031 + 4.100 = \square.\square\square\square$

(4) $2.701 + 3.520 + 0.835 = \square.\square\square\square$

(5) $1.71 + 2.5 + 1.283 = \square.\square\square\square$

(6) $3.56 + 3.534 + 1.17 = \square.\square\square\square$

1 □ 안에 알맞은 수를 써넣으세요.

(1) $4.1+0.6+8.5=\square+8.5=\square$

(2) $1.62+0.54+3.78=\square+3.78=\square$

(3) $2.49+1.8+6.3=\square+6.3=\square$

2 보기와 같이 세 수의 덧셈을 한 번에 세로로 써서 계산해 보세요.

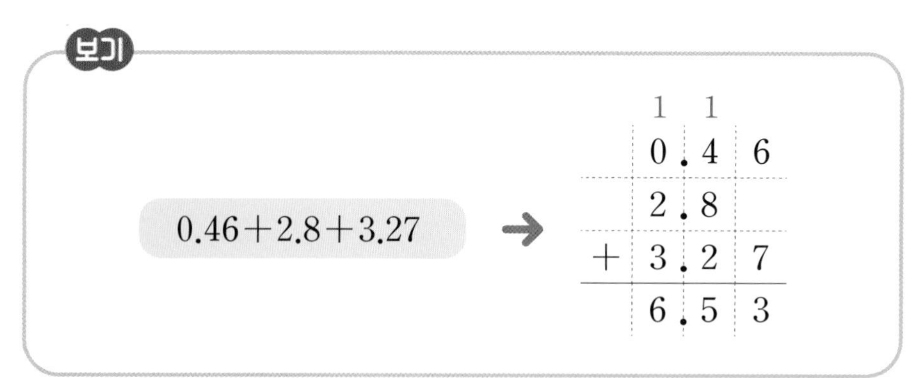

(1) $0.24+3.152+1.3$ →

(2) $0.7+1.84+4.37$ →

(3) $2.39+1.6+4.563$ →

3 관계있는 것끼리 이어 보세요.

$3.4+1.56+0.2$ •		• 5.15
$2.73+1.81+0.61$ •		• 5.16

4 빈 곳에 알맞은 수를 써넣으세요.

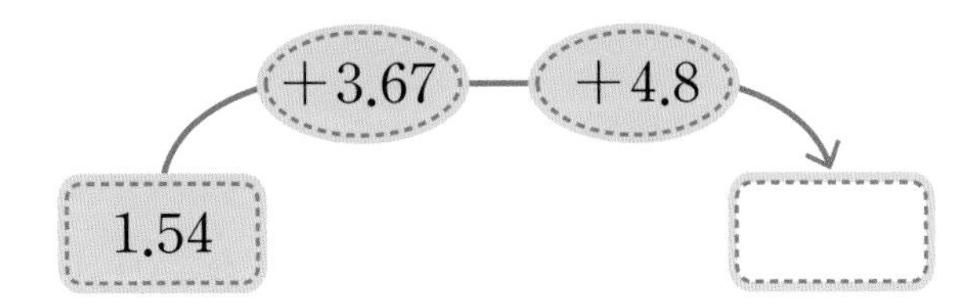

5 세 수의 합을 구해 보세요.

(1) 6.45　2.7　3.58

(　　　　)

(2) 9.4　1.63　4.217

(　　　　)

6 재원이가 3일 동안 달린 거리를 나타낸 표입니다. 재원이가 3일 동안 달린 거리는 모두 몇 km인지 하나의 식으로 나타내어 구해 보세요.

요일	월요일	화요일	수요일
달린 거리(km)	1.34	1.5	0.72

식

답 　　　　km

20 일차

세 소수의 뺄셈

8.67 - 1.23 - 3.15는 얼마인지 알아볼까요?

스마트 학습

$8.67-1.23-3.15=\mathbf{4.29}$

(8.67 − 1.23 = 7.44, 7.44 − 3.15 = 4.29)

	8	.	6	7
−	1	.	2	3
	7	.	4	4

			3	10
	7	.	4	4
−	3	.	1	5
	4	.	2	9

➔ 세 수의 뺄셈은 반드시 **앞에서부터 두 수씩 차례로** 계산해야 합니다.

개념 확인

1 ▢ 안에 알맞은 수를 써넣으세요.

(1) $9.7-2.1-0.8=$ ▢

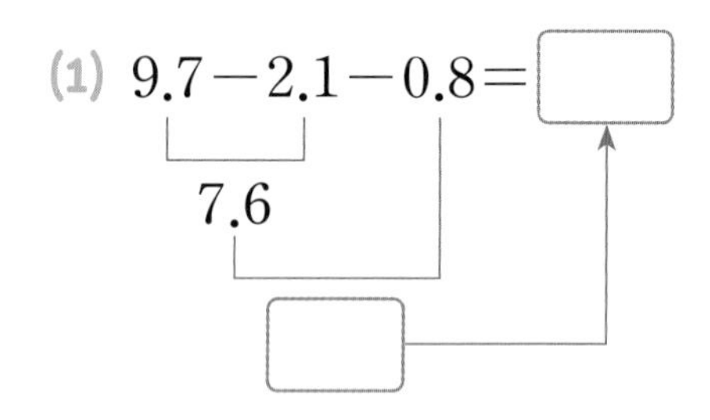

(2) $7.9-0.4-3.2=$ ▢

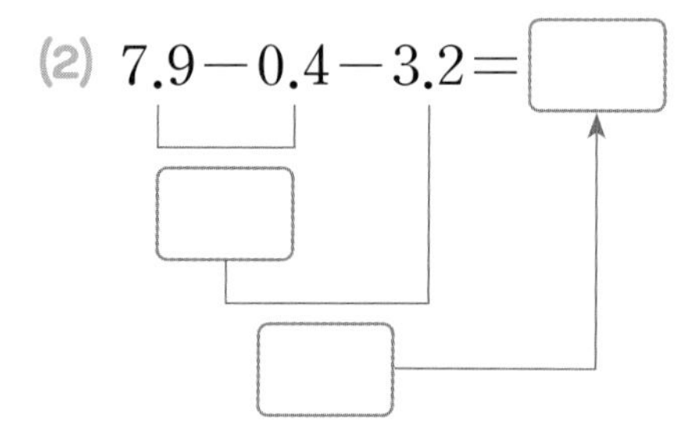

(3) $11.6-3.4-2.5=$ ▢

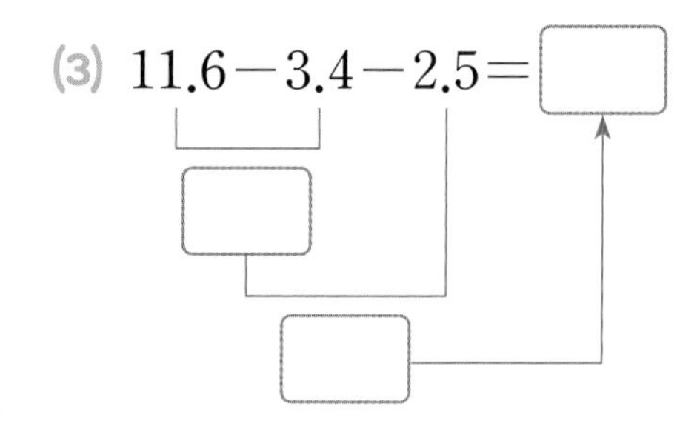

(4) $8.96-1.03-2.52=$ ▢

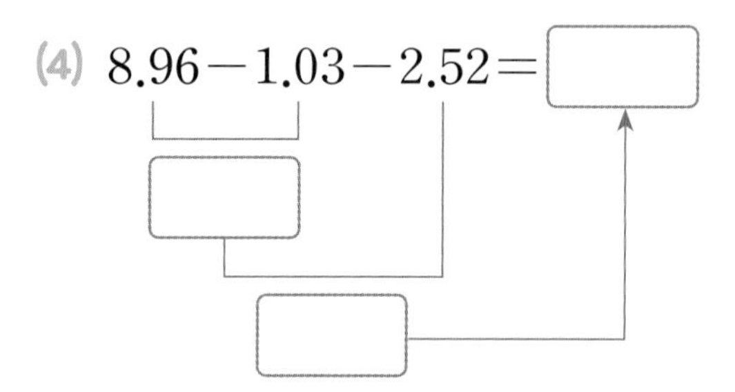

(5) $9.89-3.14-1.12=$ ▢

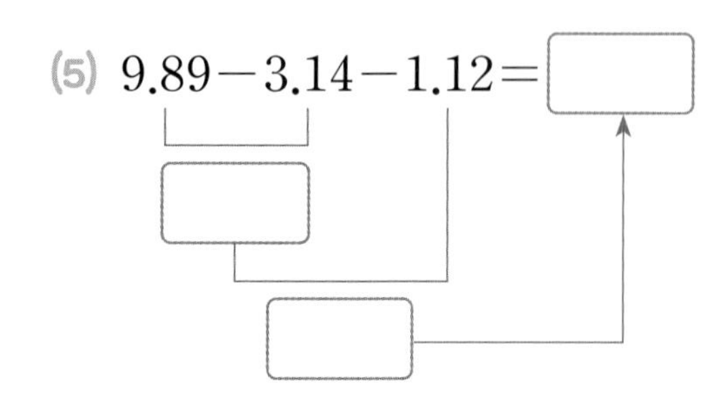

(6) $10.95-2.03-1.46=$ ▢

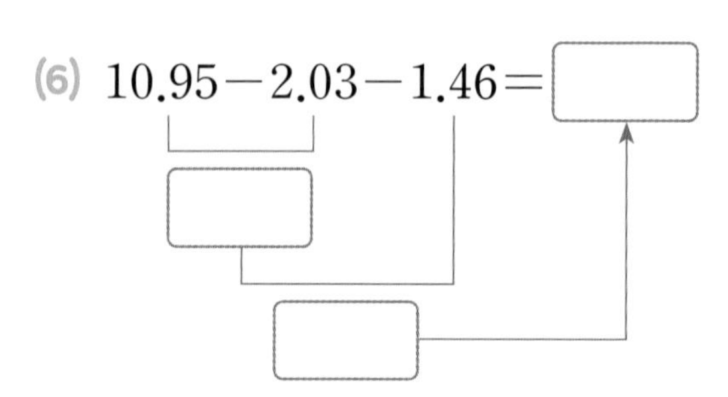

9.2-3.153-4.16은 얼마인지 알아볼까요?

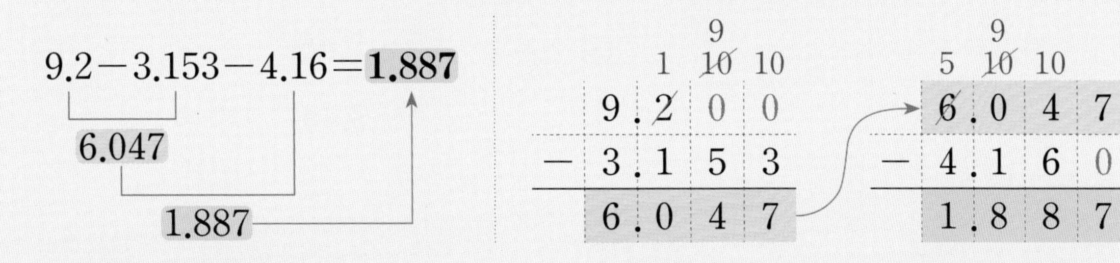

→ 자릿수가 다른 세 소수의 뺄셈은 **소수점의 자리를 맞추어 앞에서부터 두 수씩 차례로** 계산합니다.

개념 확인

2 ☐ 안에 알맞은 수를 써넣으세요.

(1) $5.12-2.4-1.415=$ ☐

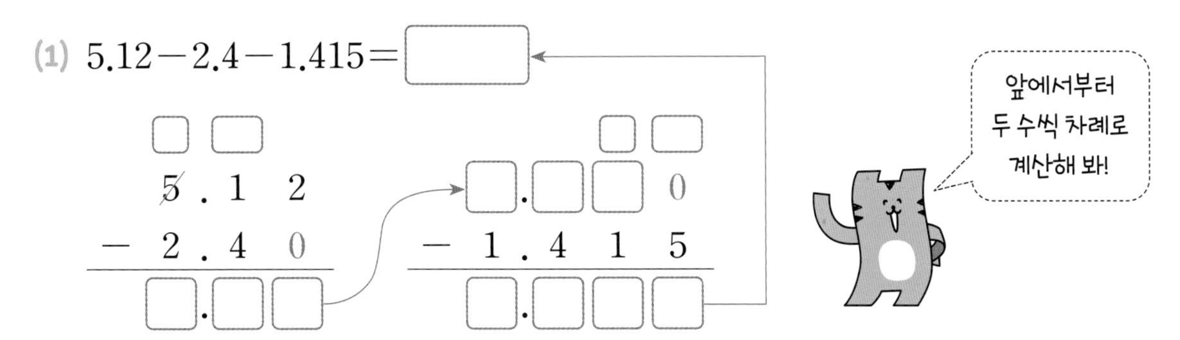

(2) $8.348-1.6-3.59=$ ☐

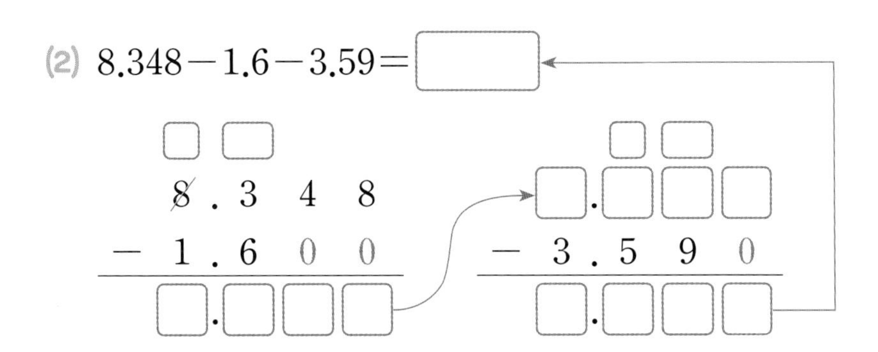

(3) $9.7-0.362-2.81=$ ☐

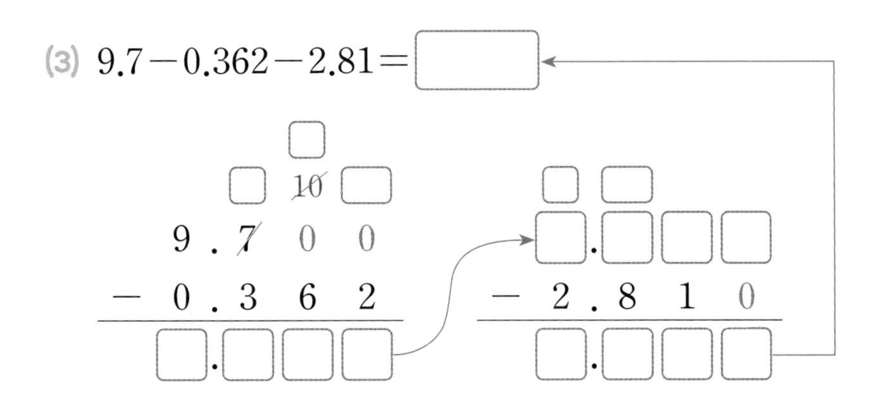

1 ☐ 안에 알맞은 수를 써넣으세요.

(1) $6.3-0.2-1.3$
$=\square-1.3$
$=\square$

(2) $8.63-2.5-3.46$
$=\square-3.46$
$=\square$

2 계산해 보세요.

(1) $4.3-2.4-0.5$

(2) $6.97-1.84-2.19$

(3) $8.734-3.4-2.63$

(4) $12.73-5.83-3.9$

3 바르게 계산한 것에 ○표 하세요.

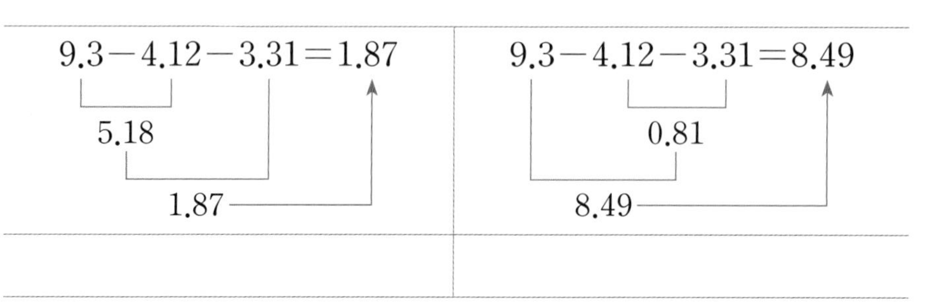

4 빈 곳에 알맞은 수를 써넣으세요.

(1)

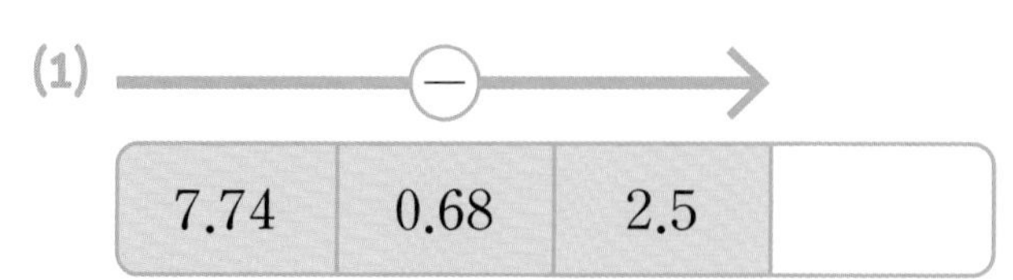

(2)

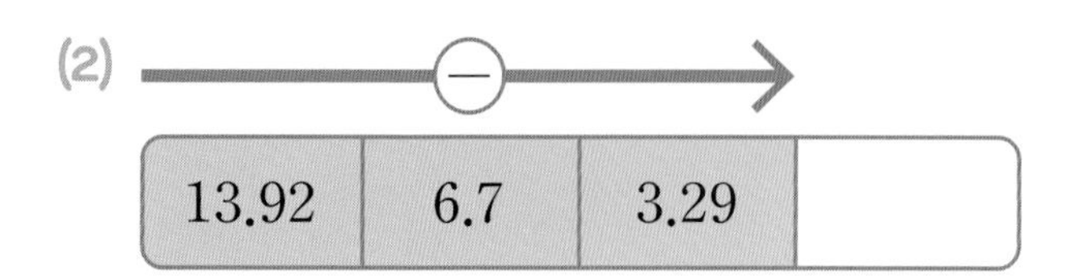

5 □ 안에 알맞은 수를 써넣고, 계산 결과에 해당하는 글자를 아래 표에서 찾아 ○에 알맞게 써넣으세요.

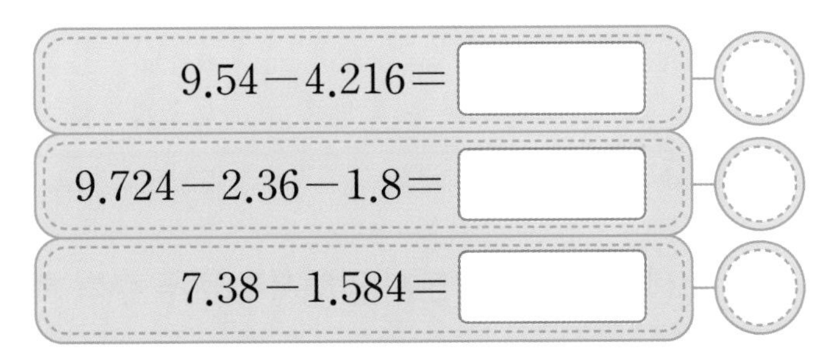

5.796	5.324	5.664	5.564	5.896
명	좌	산	우	상

6 계산 결과가 더 큰 것을 말한 사람의 이름을 써 보세요.

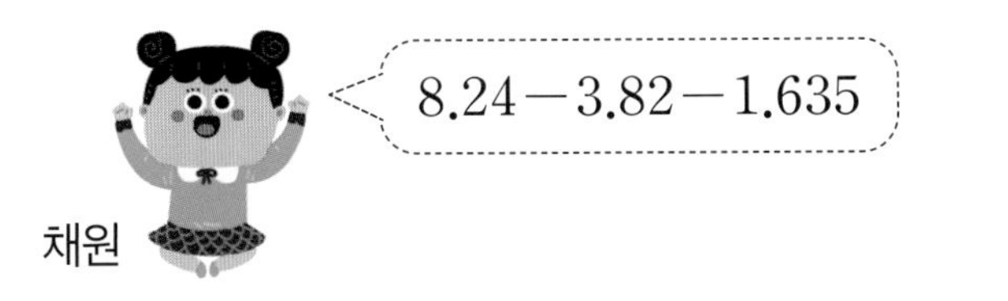

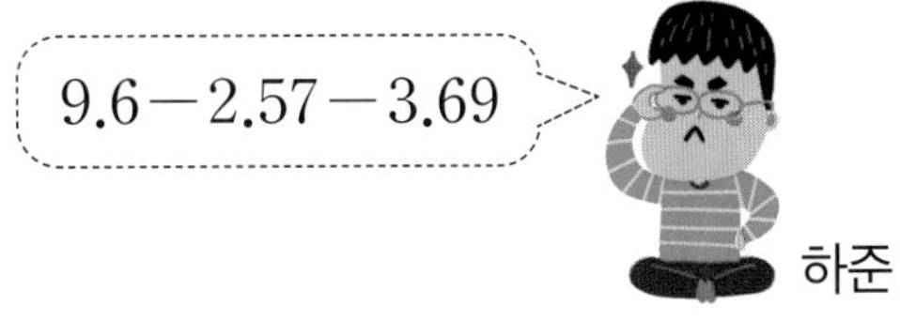

( )

7 길이가 3.2 m인 색 테이프가 있었습니다. 유진이가 선물을 포장하는 데 0.78 m를 사용하고, 꽃 장식을 만드는 데 1.4 m를 사용했습니다. 남은 색 테이프는 몇 m인지 하나의 식으로 나타내어 구해 보세요.

답 m

20일차 정답 확인

하루한장 앱에서 학습 인증하고 하루템을 모으세요!

21 일차

4.23+3.68-1.46은 얼마인지 알아볼까요?

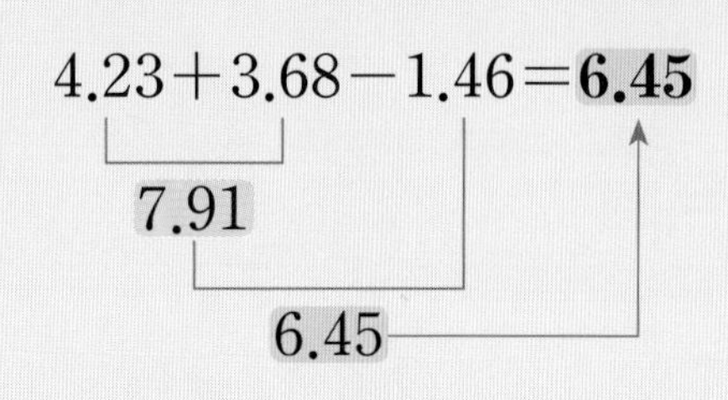

	4	.	2	3
+	3	.	6	8
	7	.	9	1

	7	.	9	1
−	1	.	4	6
	6	.	4	5

스마트 학습

→ 세 수의 덧셈과 뺄셈은 반드시 **앞에서부터 두 수씩 차례로** 계산해야 합니다.

참고 세 수의 덧셈과 뺄셈은 계산 결과가 달라질 수 있으므로 반드시 앞에서부터 차례로 계산합니다.

개념 확인

1 □ 안에 알맞은 수를 써넣으세요.

(1) $1.4+2.3-0.9=$ □

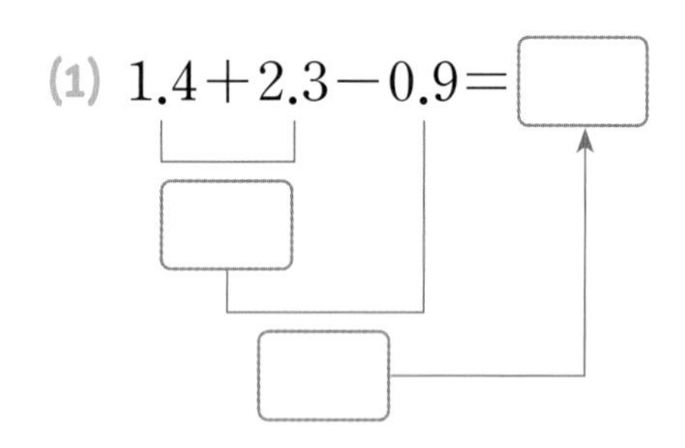

(2) $3.7-1.8+4.5=$ □

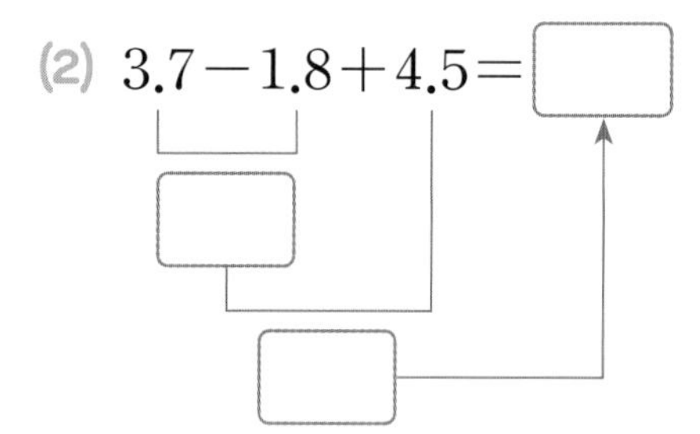

(3) $5.8+4.4-1.6=$ □

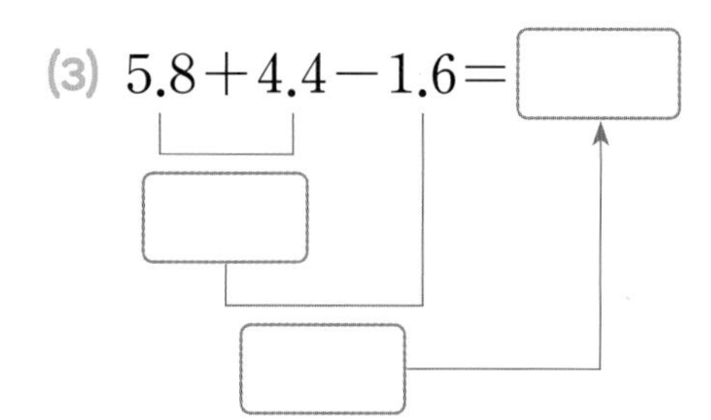

(4) $0.17+2.34-1.24=$ □

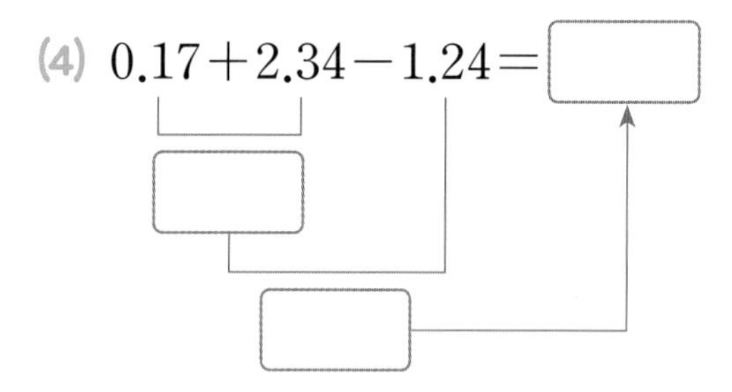

(5) $8.12-5.34+1.37=$ □

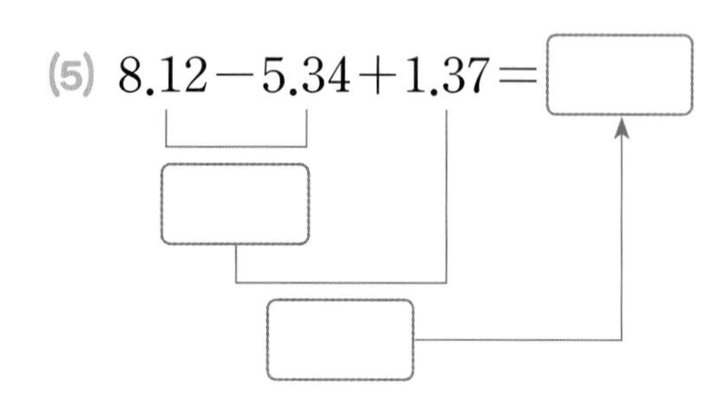

(6) $10.43-3.41+2.68=$ □

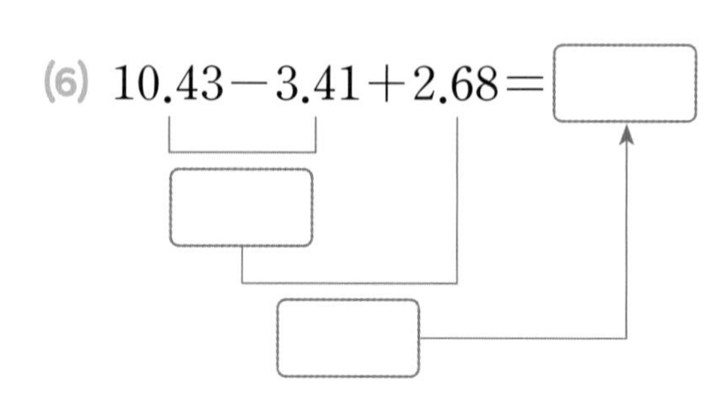

8.3-1.257+5.49는 얼마인지 알아볼까요?

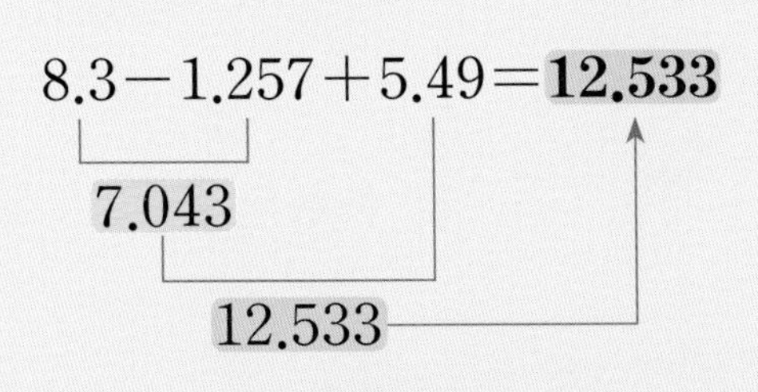

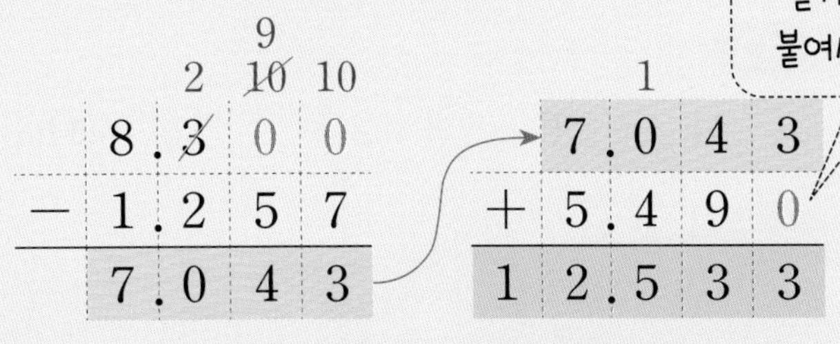

스마트 학습

➔ 자릿수가 다른 세 소수의 덧셈과 뺄셈은 **소수점의 자리를 맞추어 앞에서부터 두 수씩 차례로** 계산합니다.

개념 확인

2 ▢ 안에 알맞은 수를 써넣으세요.

(1) $1.345+5.4-1.68=$ ▢

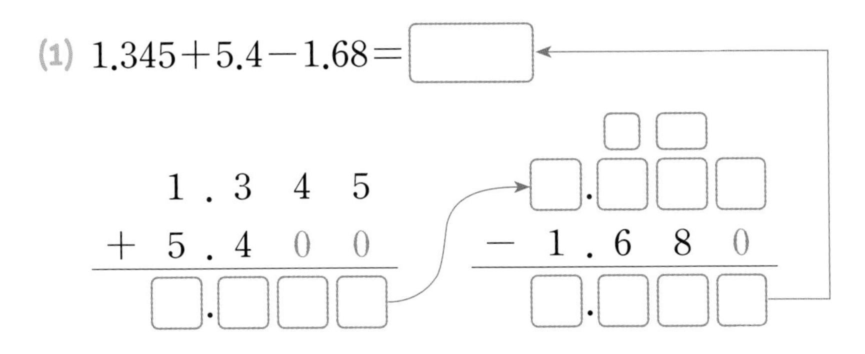

(2) $5.63-0.413+2.5=$ ▢

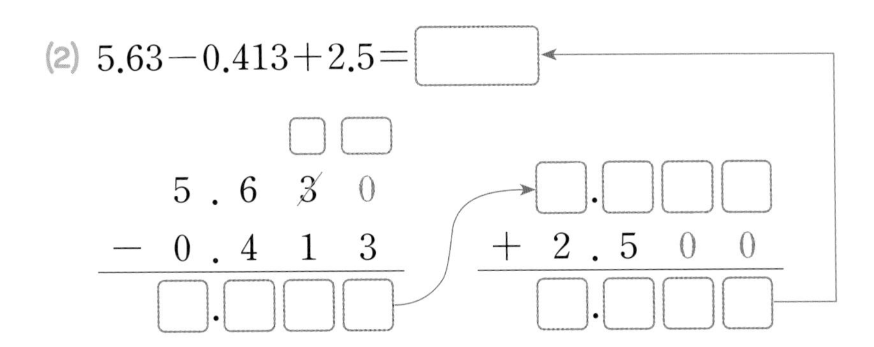

(3) $3.6+4.98-2.742=$ ▢

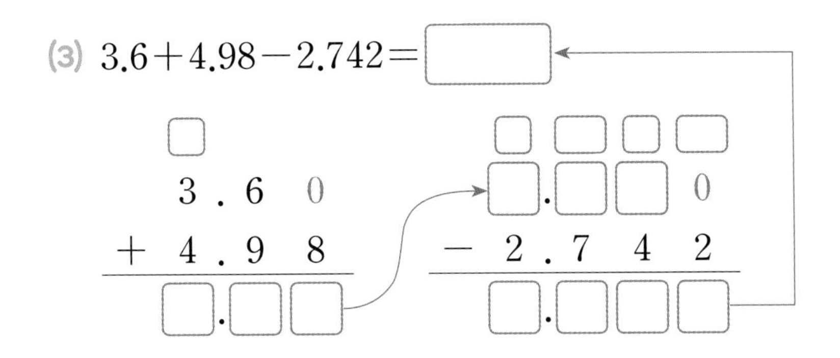

1 보기와 같이 계산해 보세요.

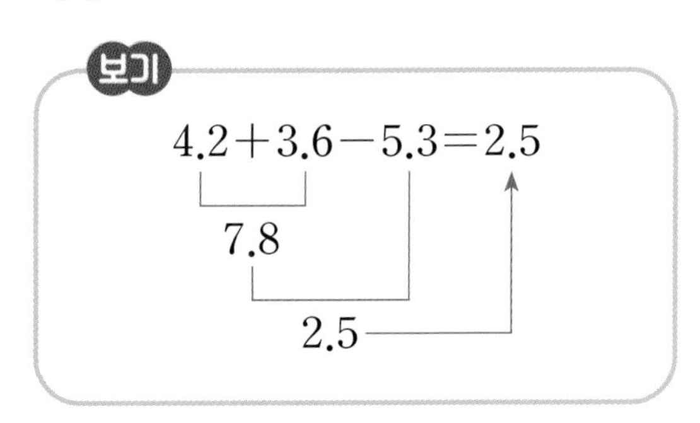

(1) $7.4+5.2-6.1$

(2) $7.461-4.8+1.58$

(3) $3.59+1.6-0.75$

2 계산해 보세요.

(1) $4.8+2.5-3.5$

(2) $5.32-2.78+1.47$

(3) $1.65+3.462-2.8$

(4) $8.49-4.425+1.5$

3 빈 곳에 알맞은 수를 써넣으세요.

(1)

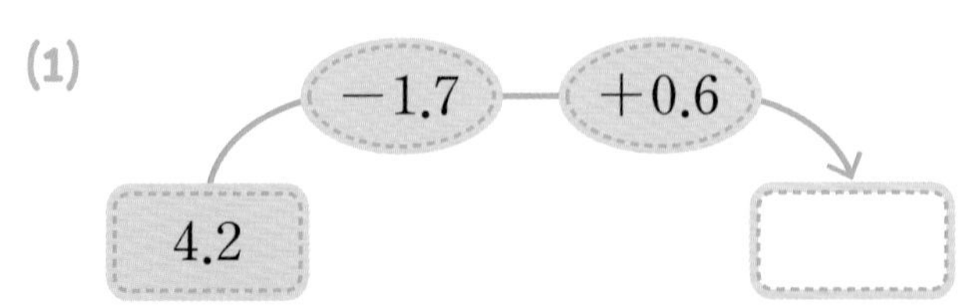

(2)

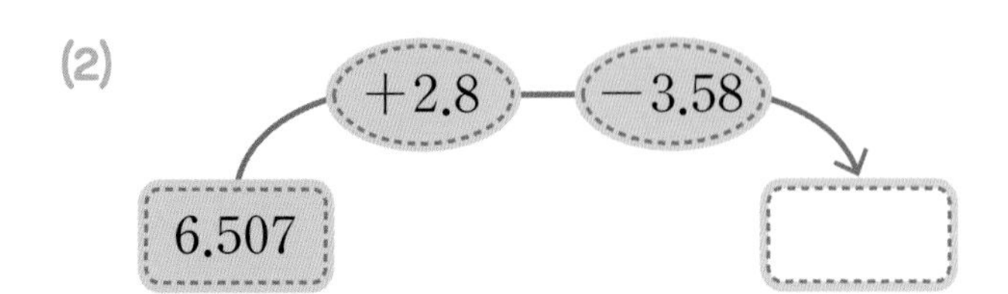

사다리를 타고 내려간 곳에 계산 결과를 써넣으세요.

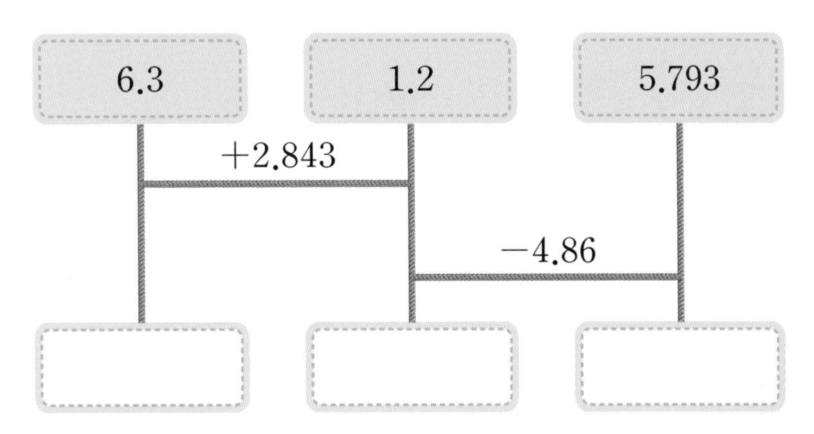

크기를 비교하여 ◯ 안에 $>$, $=$, $<$를 알맞게 써넣으세요.

먼저 계산을 하고
크기를 비교해 보자!

(1) $6.32-4.5+2.73$ ◯ 5

(2) $5.16+2.8-3.594$ ◯ 4

(3) $4.23+1.784-3.76$ ◯ 2.2

6 포도 원액 0.74 L와 물 2.5 L를 섞어 포도주스를 만들었습니다. 만든 포도주스를 지우와 친구들이 1.25 L 마셨다면 남은 포도주스는 몇 L인지 하나의 식으로 나타내어 구해 보세요.

식

답 L

21일차 정답 확인

하루한장 앱에서
학습 인증하고
하루템을 모으세요!

22 일차

분모가 10, 100인 분수

분수와 소수의 크기 비교

$\frac{34}{100}$와 0.25의 크기를 비교해 볼까요?

스마트 학습

방법 1 소수를 분수로 바꾸어 비교하기

$0.25=\frac{25}{100}$이므로 $\frac{34}{100}>\frac{25}{100}$입니다. ➔ $\frac{34}{100}>0.25$

$34>25$

분모가 같으면 분자가 클수록 더 큰 분수야.

방법 2 분수를 소수로 바꾸어 비교하기

$\frac{34}{100}=0.34$이므로 $0.34>0.25$입니다. ➔ $\frac{34}{100}>0.25$

$3>2$

개념 확인

1 소수를 분수로 바꾸거나 분수를 소수로 바꾸어 두 수의 크기를 비교하려고 합니다. □ 안에 알맞은 수를 써넣고, ○ 안에 $>$, $=$, $<$를 알맞게 써넣으세요.

(1) 0.6 ○ $\frac{4}{10}$ 　 $0.6=\frac{\square}{10}$

(2) $\frac{3}{10}$ ○ 0.7 　 $0.7=\frac{\square}{10}$

(3) $\frac{23}{100}$ ○ 0.23 　 $0.23=\frac{\square}{100}$

(4) 6.53 ○ $6\frac{48}{100}$ 　 $6.53=6\frac{\square}{100}$

(5) $\frac{8}{10}$ ○ 0.5 　 $\frac{8}{10}=\square.\square$

(6) 1.2 ○ $1\frac{3}{10}$ 　 $1\frac{3}{10}=\square.\square$

(7) $\frac{67}{100}$ ○ 0.76 　 $\frac{67}{100}=\square.\square\square$

(8) $2\frac{46}{100}$ ○ 2.49 　 $2\frac{46}{100}=\square.\square\square$

1.5와 $2\frac{4}{10}$, 1.5와 $1\frac{53}{100}$의 크기를 비교해 볼까요?

• 1.5와 $2\frac{4}{10}$의 크기 비교하기

$\left(1.5,\ 2\frac{4}{10}\right) \xrightarrow[1<2]{\text{자연수의 크기 비교}} 1.5<2\frac{4}{10}$

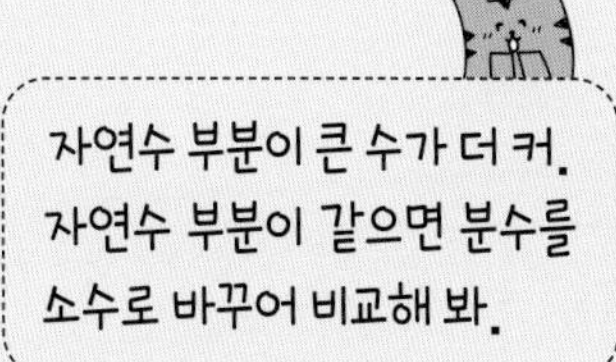

스마트 학습

• 1.5와 $1\frac{53}{100}$의 크기 비교하기

$\left(1.5,\ 1\frac{53}{100}\right) \xrightarrow[1\frac{53}{100}=1.53]{\text{분수를 소수로 바꾸기}} 1.50<1.53 \rightarrow 1.5<1\frac{53}{100}$

$0<3$

개념 확인

2 두 수의 크기를 비교하여 ◯ 안에 > 또는 <를 알맞게 써넣으세요.

(1) 2.4 ◯ $3\frac{7}{10}$

(2) $4\frac{56}{100}$ ◯ 3.9

(3) 8.4 ◯ $9\frac{45}{100}$

(4) 3.104 ◯ $3\frac{3}{10}$ → $3\frac{3}{10}$을 소수로 바꾸어 비교해요.

(5) 2.48 ◯ $2\frac{4}{10}$ → $2\frac{4}{10}$를 소수로 바꾸어 비교해요.

1 전체 크기가 1인 모눈종이에 주어진 수만큼 색칠하고 두 수의 크기를 비교하여 ◯ 안에 >, <를 알맞게 써넣으세요.

(1) 0.42 ◯ $\frac{36}{100}$

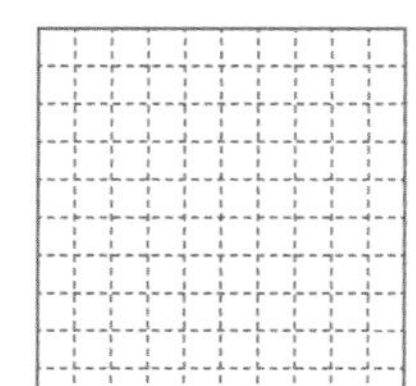 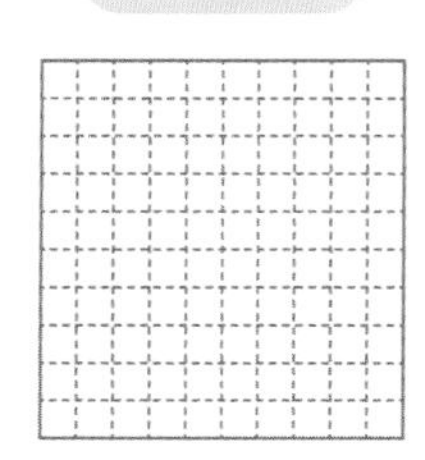

(2) 0.74 ◯ $\frac{81}{100}$

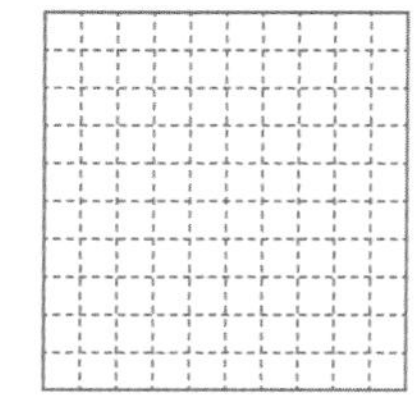 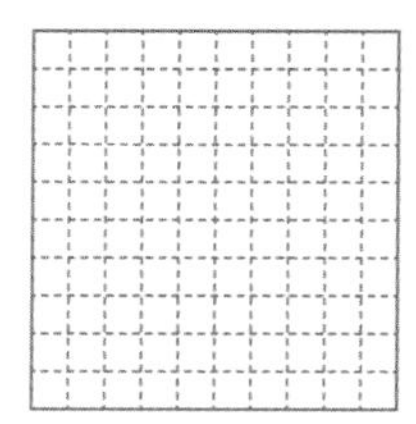

2 두 수의 크기를 두 가지 방법으로 비교해 보세요.

(1) 0.5, $\frac{6}{10}$

방법 ① 소수를 분수로 바꾸어 비교하기

$0.5=\frac{\square}{10}$이므로

0.5 ◯ $\frac{6}{10}$입니다.

방법 ② 분수를 소수로 바꾸어 비교하기

$\frac{6}{10}=\square$이므로

0.5 ◯ $\frac{6}{10}$입니다.

(2) $\frac{93}{100}$, 0.87

방법 ① 소수를 분수로 바꾸어 비교하기

$0.87=\frac{\square}{\square}$이므로

$\frac{93}{100}$ ◯ 0.87입니다.

방법 ② 분수를 소수로 바꾸어 비교하기

$\frac{93}{100}=\square$이므로

$\frac{93}{100}$ ◯ 0.87입니다.

3 두 수의 크기를 비교하여 더 작은 수에 ◯표 하세요.

(1) 2.7　　$4\frac{9}{10}$

(2) $3\frac{46}{100}$　　3.52

두 수의 크기를 비교하여 ◯ 안에 $>$, $=$, $<$를 알맞게 써넣으세요.

(1) $2\frac{4}{10}$ ◯ 3.2

(2) $4\frac{57}{100}$ ◯ 3.6

(3) 3.52 ◯ $3\frac{52}{100}$

(4) 5.6 ◯ $5\frac{38}{100}$

5 두 수의 크기를 비교하여 더 큰 수를 빈 곳에 써넣으세요.

(1)

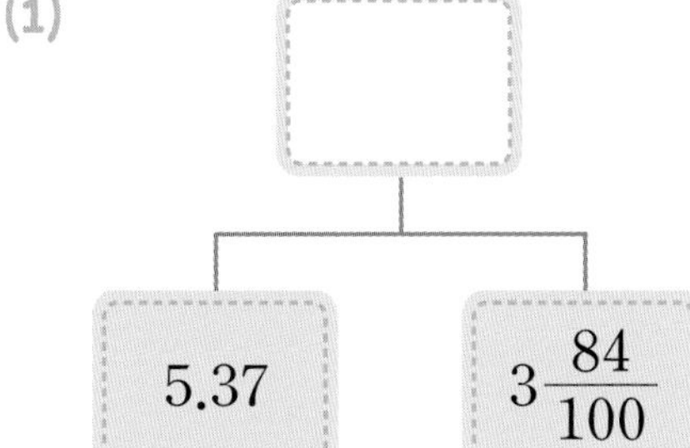

(2)

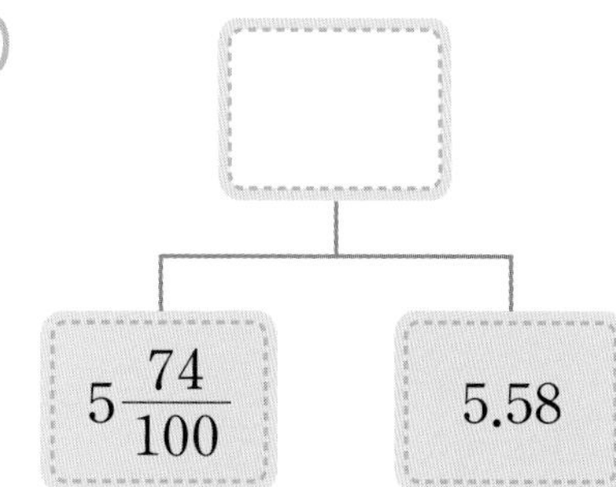

6 가장 큰 수에 색칠하세요.

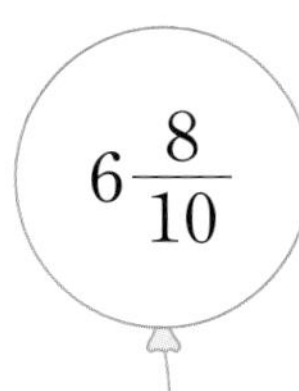

7 빨간색 색연필의 길이는 8.4 cm이고 초록색 색연필의 길이는 $8\frac{36}{100}$ cm입니다. 어느 색 색연필의 길이가 더 긴가요?

(　　　　　　　　)

23 일차

분모가 10, 100인 분수

분수와 소수가 있는 두 수의 덧셈

$1\frac{47}{100}+2.56$은 얼마인지 알아볼까요?

방법 ① 소수를 분수로 바꾸어 계산하기

스마트 학습

소수를 분수로 바꾸기

자연수는 자연수끼리, 분수는 분수끼리 더해.

$$1\frac{47}{100}+2.56=1\frac{47}{100}+2\frac{56}{100}=(1+2)+\left(\frac{47}{100}+\frac{56}{100}\right)$$

$$=3+\frac{103}{100}=3+1\frac{3}{100}$$

$$=4\frac{3}{100}$$

계산 결과는 대분수로 나타냅니다.

개념 확인

1 소수를 분수로 바꾸어 계산하려고 합니다. ☐ 안에 알맞은 수를 써넣으세요.

(1) $1.2+\frac{3}{10}=1\frac{\square}{10}+\frac{3}{10}=1\frac{\square}{10}$

(2) $4.7+3\frac{5}{10}=4\frac{\square}{10}+3\frac{5}{10}=7+\frac{\square}{10}=7+1\frac{\square}{10}=\square\frac{\square}{10}$

(3) $2\frac{35}{100}+3.28=2\frac{35}{100}+3\frac{\square}{100}=\square+\frac{\square}{100}=\square\frac{\square}{100}$

(4) $6\frac{78}{100}+2.14=6\frac{78}{100}+\square\frac{\square}{100}=\square+\frac{\square}{100}$

$=\square\frac{\square}{100}$

방법 ② 분수를 소수로 바꾸어 계산하기

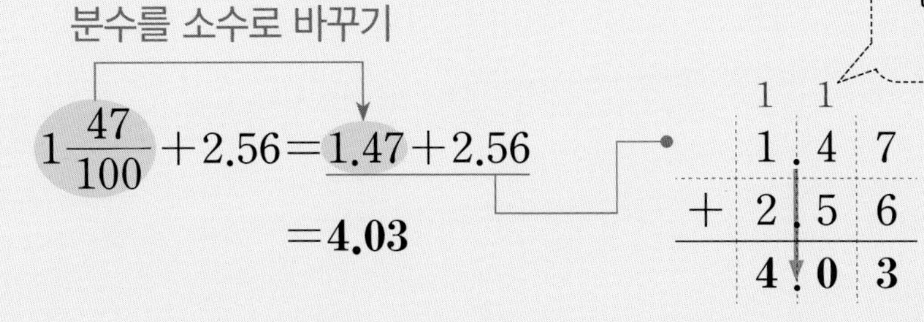

참고 $4.03=4\frac{3}{100}$이므로 소수를 분수로 바꾸어 계산하거나 분수를 소수로 바꾸어 계산해도 계산 결과는 같습니다.

개념 확인

2 분수를 소수로 바꾸어 계산하려고 합니다. □ 안에 알맞은 수를 써넣으세요.

(1) $3\frac{4}{10}+1.3=3.4+1.3=$ □

(2) $1.9+5\frac{6}{10}=1.9+$ □ $=$ □

(3) $1\frac{24}{100}+2.75=$ □ $+2.75=$ □

(4) $2.93+1\frac{42}{100}=2.93+$ □ $=$ □

(5) $23.57+8\frac{64}{100}=23.57+$ □ $=$ □

기본 다지기

1 보기 와 같이 소수를 분수로 바꾸어 계산해 보세요.

보기

$$1\frac{2}{10}+3.6=1\frac{2}{10}+3\frac{6}{10}=4\frac{8}{10}$$

(1) $4\frac{3}{10}+2.4$

(2) $5.22+1\frac{27}{100}$

(3) $2.6+1\frac{9}{10}$

2 보기 와 같이 분수를 소수로 바꾸어 계산해 보세요.

보기

$$1\frac{2}{10}+2.5=1.2+2.5=3.7$$

(1) $3\frac{1}{10}+4.8$

(2) $1.74+4\frac{53}{100}$

(3) $2\frac{56}{100}+3.28$

3 빈 곳에 알맞은 소수를 써넣으세요.

(1)

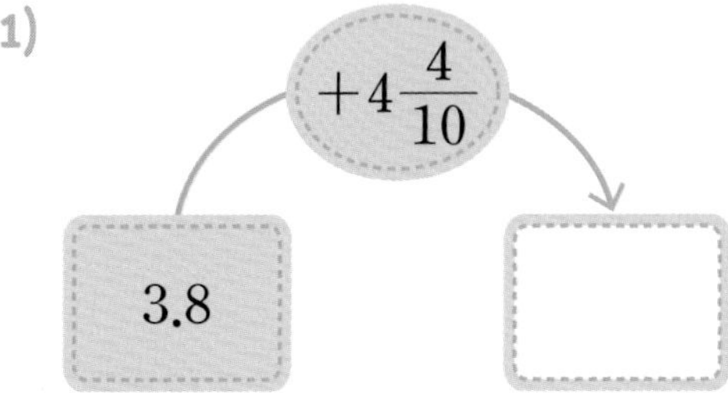

(2)

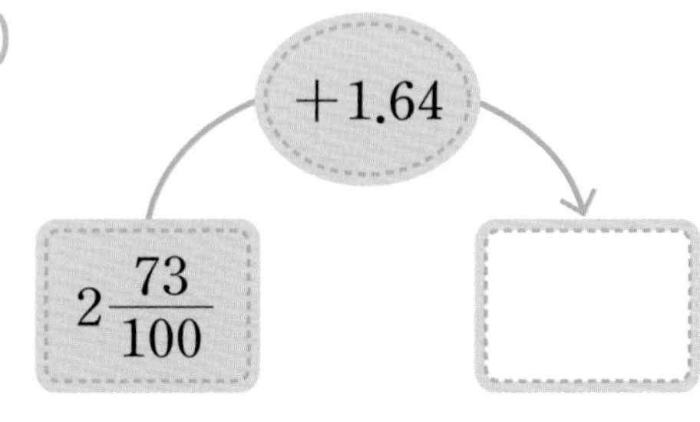

4 계산 결과를 찾아 이어 보세요.

$8\frac{3}{10}+2.4$ •	• $10\frac{8}{10}$
$4.1+6\frac{7}{10}$ •	• $10\frac{7}{10}$

5 두 수의 합을 구해 보세요.

(1) 0.4 $1\frac{7}{10}$

( )

(2) 2.46 $4\frac{72}{100}$

( )

6 수영이가 설명하는 수는 얼마인지 구해 보세요.

수영: 1.57보다 $2\frac{84}{100}$만큼 더 큰 수

( )

7 지후는 우유를 0.45 L 마셨고, 연주는 $\frac{38}{100}$ L 마셨습니다. 두 사람이 마신 우유는 모두 몇 L인가요?

식

답 L

23일차 정답 확인

하루한장 앱에서 학습 인증하고 하루템을 모으세요!

24 일차

분모가 10, 100인 분수

분수와 소수가 있는 두 수의 뺄셈

$6.12-2\frac{35}{100}$는 얼마인지 알아볼까요?

스마트 학습

방법 ① 소수를 분수로 바꾸어 계산하기

소수를 분수로 바꾸기

$$6.12-2\frac{35}{100}=6\frac{12}{100}-2\frac{35}{100}=5\frac{112}{100}-2\frac{35}{100}$$

자연수 부분에서 1을 받아내림 하기

$$=(5-2)+\left(\frac{112}{100}-\frac{35}{100}\right)$$

$$=3+\frac{77}{100}=3\frac{77}{100}$$

자연수는 자연수끼리, 분수는 분수끼리 빼어 보자.

개념 확인

1 소수를 분수로 바꾸어 계산하려고 합니다. □ 안에 알맞은 수를 써넣으세요.

(1) $1.8-\frac{6}{10}=1\frac{\square}{10}-\frac{6}{10}=\square\frac{\square}{10}$

(2) $9\frac{2}{10}-3.5=9\frac{2}{10}-\square\frac{\square}{10}=8\frac{\square}{10}-\square\frac{\square}{10}=\square\frac{\square}{10}$

(3) $5.43-1\frac{68}{100}=5\frac{\square}{100}-1\frac{68}{100}=4\frac{\square}{100}-1\frac{68}{100}=\square\frac{\square}{100}$

(4) $10\frac{13}{100}-4.78=10\frac{13}{100}-\square\frac{\square}{100}=9\frac{\square}{100}-\square\frac{\square}{100}$

$=\square\frac{\square}{100}$

방법 ② 분수를 소수로 바꾸어 계산하기

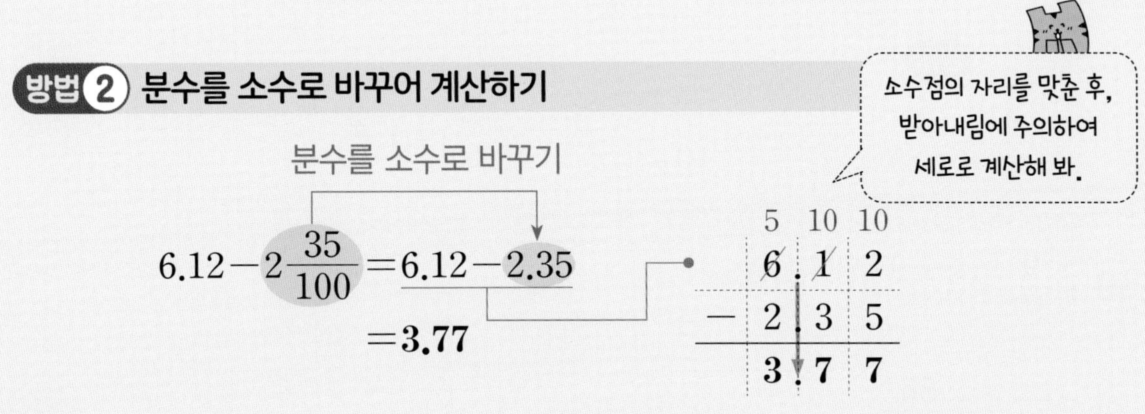

참고 $3.77=3\frac{77}{100}$이므로 소수를 분수로 바꾸어 계산하거나 분수를 소수로 바꾸어 계산해도 계산 결과는 같습니다.

개념 확인

2 분수를 소수로 바꾸어 계산하려고 합니다. ☐ 안에 알맞은 수를 써넣으세요.

(1) $1\frac{7}{10}-0.4=$ ☐ $-0.4=$ ☐

(2) $5.1-1\frac{6}{10}=5.1-$ ☐ $=$ ☐

(3) $8\frac{76}{100}-4.35=$ ☐ $-4.35=$ ☐

(4) $6.85-2\frac{69}{100}=6.85-$ ☐ $=$ ☐

(5) $11\frac{28}{100}-5.44=$ ☐ $-5.44=$ ☐

보기와 같이 소수를 분수로 바꾸어 계산해 보세요.

보기

$$3.5-2\frac{3}{10}=3\frac{5}{10}-2\frac{3}{10}=1\frac{2}{10}$$

(1) $4\frac{9}{10}-3.2$

(2) $7.77-5\frac{56}{100}$

(3) $3.4-1\frac{6}{10}$

보기와 같이 분수를 소수로 바꾸어 계산해 보세요.

$$2.6-1\frac{3}{10}=2.6-1.3=1.3$$

(1) $4\frac{6}{10}-2.4$

(2) $8\frac{76}{100}-3.29$

(3) $4.43-1\frac{67}{100}$

빈 곳에 알맞은 분수를 써넣으세요.

(1) 8.9 → $-5\frac{3}{10}$ → ☐

(2) $6\frac{39}{100}$ → -5.18 → ☐

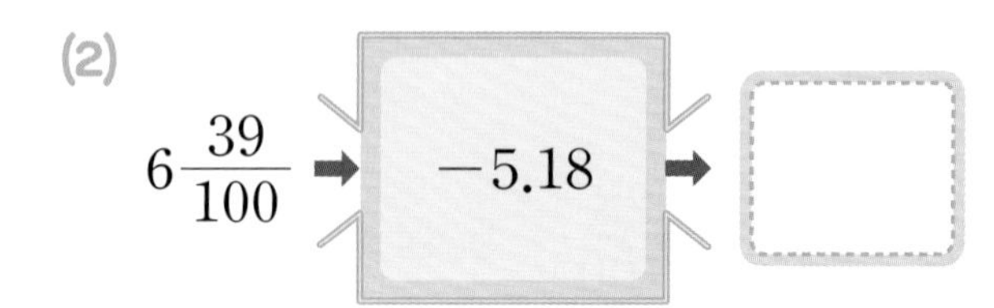

4 계산을 바르게 한 사람의 이름을 써 보세요.

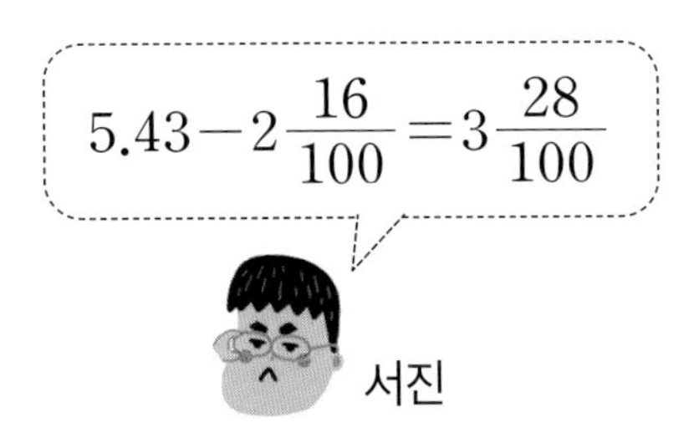

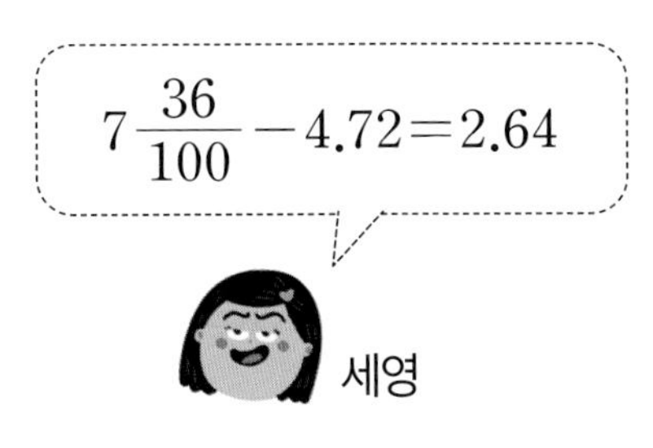

(　　　　　　　　)

5 빈 곳에 알맞은 소수를 써넣으세요.

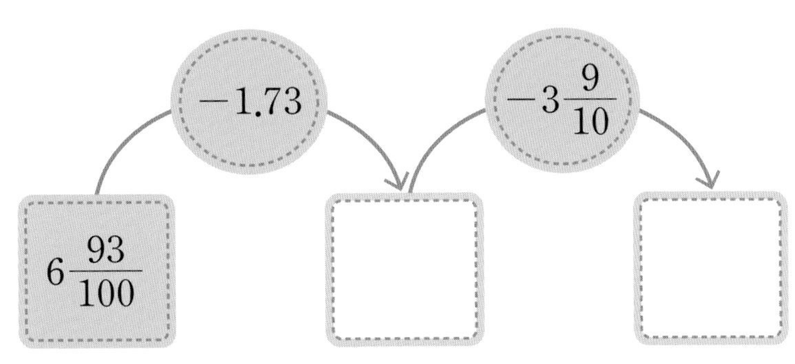

6 진우네 집에서 서점까지 가는 거리는 학교까지 가는 거리보다 몇 km 더 먼지 구해 보세요.

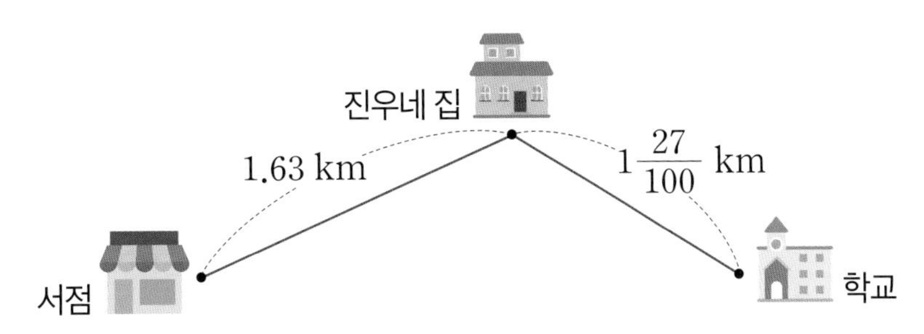

 km

25 일차 마무리 하기

1 □ 안에 알맞은 수를 써넣으세요.

(1) $2.3+4.74-3.27=\square$

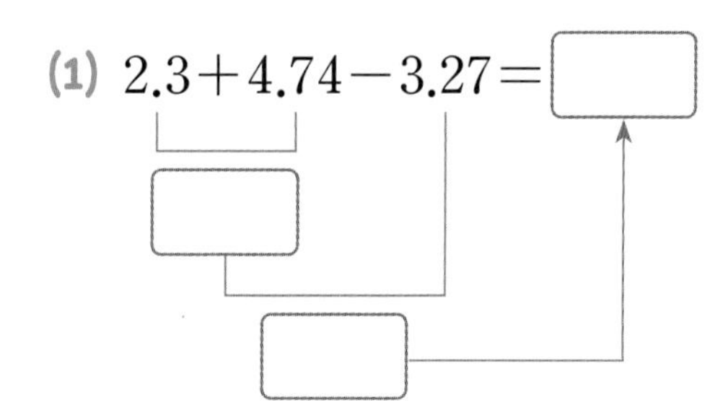

(2) $9.42-5.8+1.569=\square$

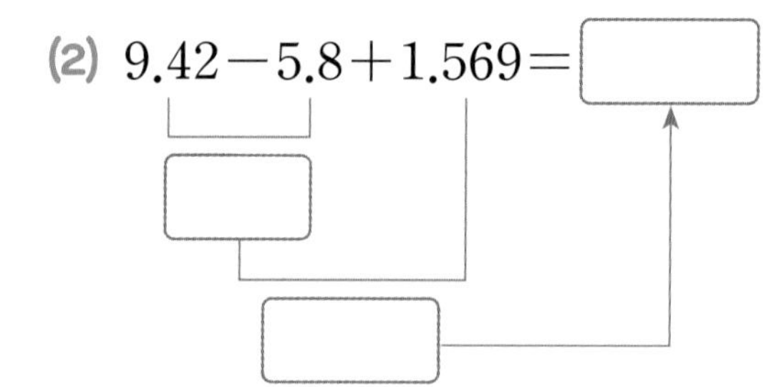

2 두 수의 크기를 비교하여 ○ 안에 >, =, <를 알맞게 써넣으세요.

(1) $5.43 \bigcirc 6\frac{6}{10}$

(2) $7.6 \bigcirc 7\frac{52}{100}$

3 빈 곳에 알맞은 수를 써넣으세요.

(1)

5.41	+2.16	+1.32	

(2)

9.93	−4.13	−3.5	

4 계산을 잘못한 사람의 이름을 써 보세요.

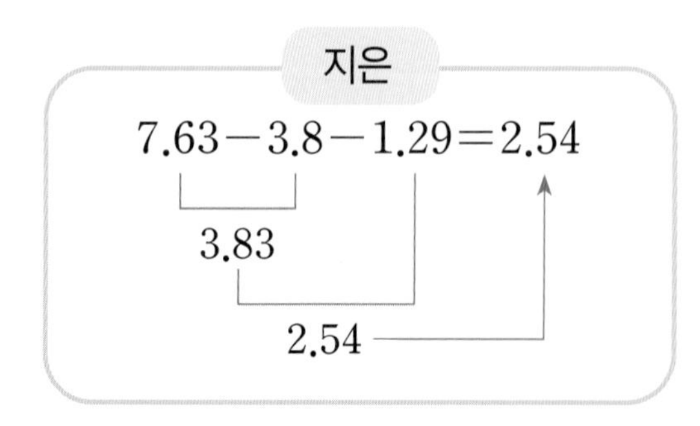

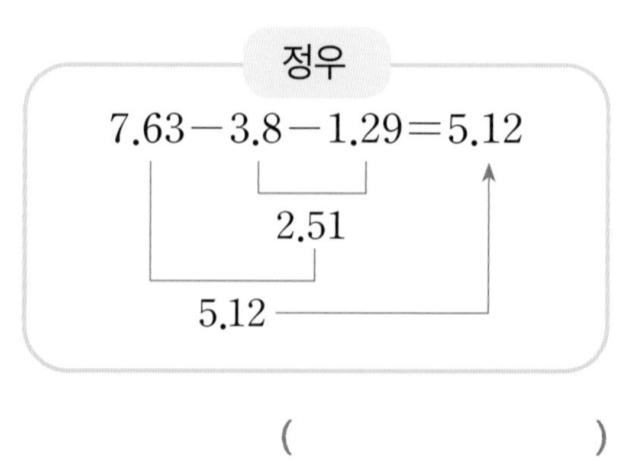

(　　　　　　　　)

5 빈 곳에 알맞은 소수를 써넣으세요.

(1) $2\frac{67}{100}$ ➡ $+4.94$ ➡ □

(2) 6.52 ➡ $-4\frac{38}{100}$ ➡ □

6 계산 결과를 찾아 이어 보세요.

$2.42+1.25-1.32$ •	• 1.24
$7.95-3.49+5.18$ •	• 2.35
$4.26+3.51-6.53$ •	• 9.64

7 가장 큰 수에 ○표, 가장 작은 수에 △표 해 보세요.

7.7 $7\frac{43}{100}$ 7.82 $6\frac{9}{10}$

8 계산 결과가 더 큰 사람의 이름을 써 보세요.

(　　　　　　　　)

9 다음이 나타내는 수보다 $3\frac{54}{100}$만큼 더 큰 수는 얼마인가요?

1이 5개, 0.1이 2개, 0.01이 8개인 수

(　　　　　　　　)

10 다음은 태연, 민호, 윤아의 키입니다. 세 사람의 키의 합은 몇 m인가요?

	태연	민호	윤아
키(m)	1.33	1.41	1.5

(　　　　　　　　)

11 주말농장에서 감자를 현수는 $4\frac{7}{10}$ kg 캤고, 지수는 1.6 kg 캤습니다. 현수와 지수가 캔 감자는 모두 몇 kg인가요?

(   )

12 한 변의 길이가 3.78 km인 정사각형 모양의 논이 있었습니다. 이 논의 가로를 $1\frac{73}{100}$ km만큼 줄였다면 새로 만든 논의 가로의 길이는 몇 km인가요?

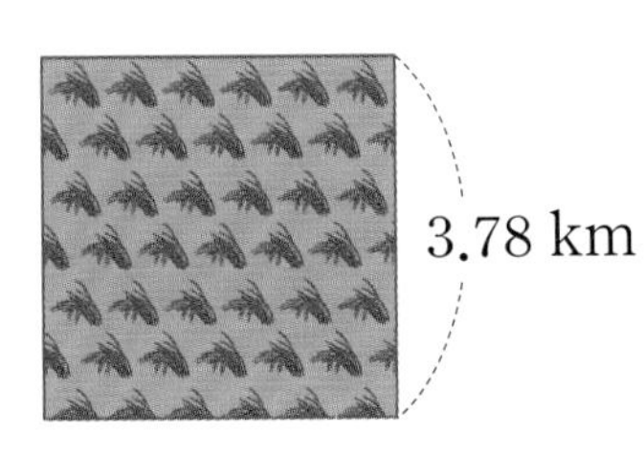

(   )

빠른 **개념 찾기**

틀린 문제는 개념을 다시 확인해 보세요.

개념	문제 번호
19일차 세 소수의 덧셈	3(1), 8, 10
20일차 세 소수의 뺄셈	3(2), 4, 8
21일차 세 소수의 덧셈과 뺄셈	1, 6
22일차 분수와 소수의 크기 비교	2, 7
23일차 분수와 소수가 있는 두 수의 덧셈	5(1), 9, 11
24일차 분수와 소수가 있는 두 수의 뺄셈	5(2), 12

메모

메모

메모

미래엔 초등 도서 목록

교과서 달달 쓰기 · 교과서 달달 풀기
1~2학년 국어 • 수학 교과 학습력을 향상시키고
초등 코어를 탄탄하게 세우는 기본 학습서
[4책] 국어 1~2학년 학기별
[4책] 수학 1~2학년 학기별

미래엔 교과서 길잡이, 초코
초등 공부의 핵심[CORE]를 탄탄하게 해 주는
슬림 & 심플한 교과 필수 학습서
[8책] 국어 3~6학년 학기별, [8책] 수학 3~6학년 학기별
[8책] 사회 3~6학년 학기별, [8책] 과학 3~6학년 학기별

전과목 단원평가
빠르게 단원 핵심을 정리하고, 수준별 문제로 실전력을 키우는
교과 평가 대비 학습서
[8책] 3~6학년 학기별

문제 해결의 길잡이

원리 8가지 문제 해결 전략으로 문장제와 서술형 문제 정복
[12책] 1~6학년 학기별

심화 문장제 유형 정복으로 초등 수학 최고 수준에 도전
[6책] 1~6학년 학년별

초등 필수 어휘를 퍼즐로 재미있게 익히는 학습서
[3책] 사자성어, 속담, 맞춤법

하루한장 예비 초등

한글완성
초등학교 입학 전 한글 읽기·쓰기 동시에 끝내기
[3책] 기본 자모음, 받침, 복잡한 자모음

예비초등
기본 학습 능력을 향상하며 초등학교 입학을 준비하기
[2책] 국어, 수학

하루한장 독해

독해 시작편
초등학교 입학 전 기본 문해력 익히기 30일 완성
[2책] 문장으로 시작하기, 짧은 글 독해하기

어휘
문해력의 기초를 다지는 초등 필수 어휘 학습서
[6책] 1~6학년 단계별

독해
국어 교과서와 연계하여 문해력의 기초를 다지는 독해 기본서
[6책] 1~6학년 단계별

독해+플러스
본격적인 독해 훈련으로 문해력을 향상시키는 독해 실전서
[6책] 1~6학년 단계별

비문학 독해 (사회편·과학편)
비문학 독해로 배경지식을 확장하고 문해력을 완성시키는
독해 심화서
[사회편 6책, 과학편 6책] 1~6학년 단계별

하루 한장 쏙셈 소수

1권

바른답·알찬풀이

Mirae N 에듀

- 초등 3~6학년 분수·소수의 개념과 연산 원리를 집중 훈련
- 스마트 학습으로 직접 조작하며 원리를 쉽게 이해하고 활용

1장 소수 알아보기

2장 소수의 덧셈과 뺄셈

1장 소수 알아보기

01 일차

개념 확인 8~9쪽

1 (1) $\frac{1}{10}$에 ○표 (2) 0.1에 ○표

(3) $\frac{1}{10}$에 ○표 (4) 0.1에 ○표

2 (1) 0.3, 영 점 삼 (2) 0.4, 영 점 사

(3) 0.5, 영 점 오 (4) 0.7, 영 점 칠

1 전체를 똑같이 10으로 나눈 것 중의 1은 $\frac{1}{10}$이고, $\frac{1}{10}=0.1$입니다.

2 (1) 전체를 똑같이 10으로 나눈 것 중의 3은 0.3이라 쓰고 영 점 삼이라고 읽습니다.

(2) 전체를 똑같이 10으로 나눈 것 중의 4는 0.4라 쓰고 영 점 사라고 읽습니다.

(3) 전체를 똑같이 10으로 나눈 것 중의 5는 0.5라 쓰고 영 점 오라고 읽습니다.

(4) 전체를 똑같이 10으로 나눈 것 중의 7은 0.7이라 쓰고 영 점 칠이라고 읽습니다.

기본 다지기 10~11쪽

1 (위에서부터) $\frac{5}{10}$, $\frac{9}{10}$ / 0.1, 0.3, 0.6, 0.8

2 (1) 0.1, 영 점 일 (2) 0.4, 영 점 사

3 (1) 0.2 (2) 0.7

(3) $\frac{6}{10}$ (4) $\frac{9}{10}$

4 (1) $\frac{3}{10}$, 0.3 (2) $\frac{8}{10}$, 0.8

5 (위에서부터) 영 점 오 / $\frac{9}{10}$, 0.9 / 0.6, 영 점 육

6 (1) 0.4 (2) 0.7

7 (1) 6 (2) 5

8 0.8

1 작은 눈금 한 칸은 전체를 똑같이 10으로 나눈 것 중의 1이므로 $\frac{1}{10}=0.1$입니다.

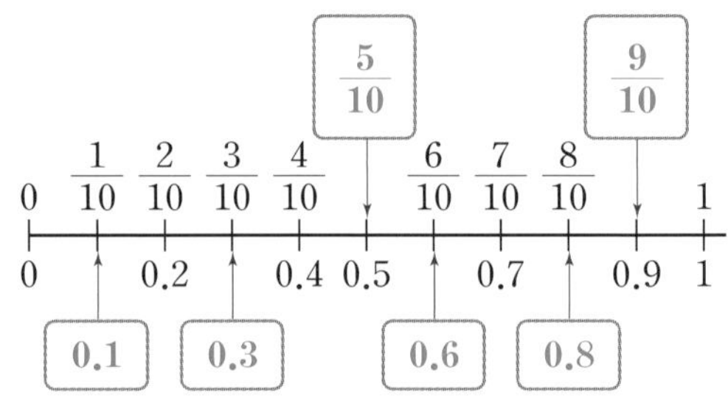

➜ $\frac{3}{10}=0.3$, $0.5=\frac{5}{10}$, $\frac{6}{10}=0.6$, $\frac{8}{10}=0.8$, $0.9=\frac{9}{10}$

3 $\frac{1}{10}=0.1$이므로 $\frac{■}{10}=0.■$입니다.

4 (1) 전체를 똑같이 10으로 나눈 것 중의 3이므로 $\frac{3}{10}=0.3$입니다.

(2) 전체를 똑같이 10으로 나눈 것 중의 8이므로 $\frac{8}{10}=0.8$입니다.

5 $\frac{5}{10}=0.5$(영 점 오), $\frac{9}{10}=0.9$(영 점 구), $\frac{6}{10}=0.6$(영 점 육)

6 0.1이 ■개이면 0.■입니다.

7 (1) 0.6은 0.1이 6개입니다. ➜ □=6

(2) $\frac{1}{10}=0.1$이므로 $\frac{1}{10}$이 5개이면 0.5입니다. ➜ □=5

8 색 테이프 한 조각은 $\frac{1}{10}$ m=0.1 m입니다. 사용한 색 테이프의 길이는 0.1 m가 8개이므로 0.8 m입니다.

02 일차

개념 확인 12~13쪽

1 (1) 2.6 (2) 5.3

2 (1) 5.8 (2) 6.3 (3) 11.2

3 (1) 2.8, 이 점 팔 (2) 1.6, 일 점 육
(3) 3.5, 삼 점 오 (4) 4.4, 사 점 사

1 (1) 색 테이프의 길이는 2 cm보다 6 mm 더 깁니다. 6 mm는 0.6 cm이므로 색 테이프의 길이는 소수로 2.6 cm입니다.
(2) 색 테이프의 길이는 5 cm보다 3 mm 더 깁니다. 3 mm는 0.3 cm이므로 색 테이프의 길이는 소수로 5.3 cm입니다.

2 (1) 5와 0.8만큼은 5.8이라고 씁니다.
(2) 6과 0.3만큼은 6.3이라고 씁니다.
(3) 11과 0.2만큼은 11.2라고 씁니다.

3 (1) 2와 0.8만큼이므로 2.8입니다.
(2) 1과 0.6만큼이므로 1.6입니다.
(3) 3과 0.5만큼이므로 3.5입니다.
(4) 4와 0.4만큼이므로 4.4입니다.

기본 다지기 14~15쪽

1 (1) 1.5, 일 점 오 (2) 6.8, 육 점 팔

2 (1) 4.2 (2) 5.6

3 (1) 2.3 (2) 3.7

4 (1) 1.8 (2) 3.4
(3) 2.9 (4) 6.5

5 (선 잇기)

6 (1) 4.9 (2) 0.1
(3) 28 (4) 0.1

7 3.7, 98 8 23.5

1 (1) 1과 0.5만큼을 1.5라 쓰고 일 점 오라고 읽습니다.
(2) $\frac{8}{10}$=0.8이므로 6과 0.8만큼을 6.8이라 쓰고 육 점 팔이라고 읽습니다.

2 (1) 1 mm=0.1 cm이고 42 mm는 0.1 cm가 42개이므로 4.2 cm입니다.
(2) 1 mm=0.1 cm이고 56 mm는 0.1 cm가 56개이므로 5.6 cm입니다.

3 (1) 2와 0.3만큼이므로 2.3입니다.
(2) 3과 0.7만큼이므로 3.7입니다.

4 1 mm=0.1 cm, 10 mm=1 cm입니다.
(1) 8 mm=0.8 cm
→ 1 cm 8 mm=1.8 cm
(2) 4 mm=0.4 cm
→ 3 cm 4 mm=3.4 cm
(3) 29 mm=20 mm+9 mm
=2 cm+0.9 cm=2.9 cm
(4) 65 mm=60 mm+5 mm
=6 cm+0.5 cm=6.5 cm

5 • 0.1이 72개이면 7.2(칠 점 이)입니다.
• 0.1이 27개이면 2.7(이 점 칠)입니다.
• 0.1이 76개이면 7.6(칠 점 육)입니다.

6 (1) 0.1이 49개이면 4.9입니다.
(2) 0.1이 53개이면 5.3입니다.
(3) 2.8은 0.1이 28개입니다.
(4) 6.6은 0.1이 66개입니다.

7 • $\frac{1}{10}$이 37개인 수는 0.1이 37개인 수이므로 3.7입니다. → ㉠=3.7
• 9.8은 $\frac{1}{10}$=0.1이 98개인 수입니다.
→ ㉡=98

8 235 mm=230 mm+5 mm
=23 cm+0.5 cm=23.5 cm

참고 cm와 m의 관계
1 mm=$\frac{1}{10}$ cm=0.1 cm

03 일차

개념 확인 16~17쪽

1 (1) $<$ (2) $>$

2 (1) 9, 8, $>$ (2) 2, 5, $<$
(3) 4, 6, $<$

3 (1) 1.6에 ○표 (2) 9.2에 ○표
(3) 12.3에 ○표 (4) 7.6에 ○표
(5) 14.3에 ○표 (6) 4.9에 ○표
(7) 20.4에 ○표 (8) 43.5에 ○표

2 (1) 0.1의 개수를 비교하면 $9>8$이므로 $0.9>0.8$입니다.
(2) 0.1의 개수를 비교하면 $2<5$이므로 $0.2<0.5$입니다.
(3) 0.1의 개수를 비교하면 $4<6$이므로 $0.4<0.6$입니다.

3 (1) $1.6>0.4$ ($1>0$) (2) $8.5<9.2$ ($8<9$)
(3) $11.4<12.3$ ($11<12$) (4) $6.7<7.6$ ($6<7$)
(5) $14.3>13.9$ ($14>13$) (6) $4.8<4.9$ ($8<9$)
(7) $20.4>20.2$ ($4>2$) (8) $43.5>43.1$ ($5>1$)

기본 다지기 18~19쪽

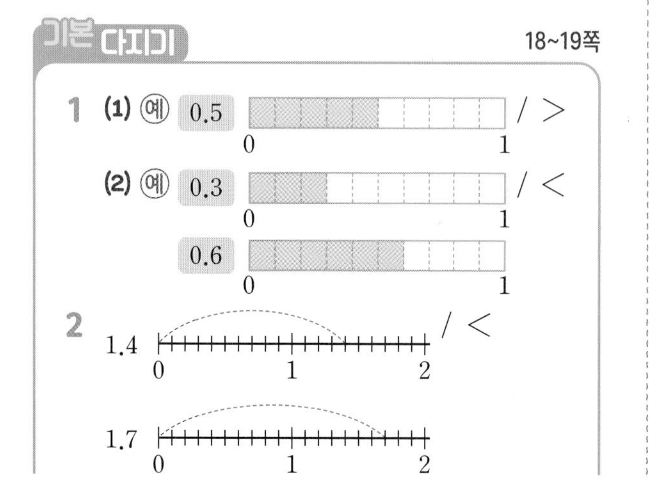

3 (1) $<$ (2) $>$ (3) $<$ (4) $>$

4 (1) 3.8 (2) 7.4

5 (1) 5.1 (2) 6.4

6 수연

7 10.1, 9.8에 ○표

8 지은

1 전체를 똑같이 10으로 나누었으므로 나눈 한 칸은 0.1을 나타냅니다.
(1) 0.7은 7칸, 0.5는 5칸을 색칠합니다. 색칠한 칸 수를 비교하면 $7>5$이므로 $0.7>0.5$입니다.
(2) 0.3은 3칸, 0.6은 6칸을 색칠합니다. 색칠한 칸 수를 비교하면 $3<6$이므로 $0.3<0.6$입니다.

2 수직선에서 작은 눈금 한 칸은 0.1을 나타냅니다. 1.4는 1에서 4칸만큼 더 간 곳까지이고 1.7은 1에서 7칸만큼 더 간 곳까지이므로 $1.4<1.7$입니다.

3 (1) $0.2<0.6$ ($2<6$) (2) $8.3>7.9$ ($8>7$)
(3) $4.5<5.4$ ($4<5$) (4) $2.9>2.7$ ($9>7$)

4 (1) $5.3>3.8$ ($5>3$) (2) $7.8>7.4$ ($8>4$)

5 (1) 소수점 왼쪽의 수의 크기를 비교하면 $2<3<5$이므로 $2.8<3.9<5.1$입니다.
(2) 소수점 왼쪽의 수의 크기를 비교하면 4.9가 가장 작습니다. 6.1과 6.4는 소수점 왼쪽의 수의 크기가 같으므로 소수점 오른쪽의 수의 크기를 비교합니다. ➔ $6.1<6.4$

6 **수연:** 0.1이 49개인 수 ➔ 4.9
지호: $\frac{1}{10}$이 52개인 수 ➔ 5.2
➔ $4.9<5.2$ ($4<5$)

7 $2.9<8.9<9.2<9.8<10.1$

8 $1.6>1.4$ ($6>4$)이므로 지은이가 색 테이프를 더 많이 사용했습니다.

일차

마무리 하기

20~23쪽

1	(1) $\frac{5}{10}$, 0.5	(2) $\frac{8}{10}$, 0.8	
2	(1) 0.3, 영 점 삼	(2) 1.6, 일 점 육	
3	(1) 0.1$\left(\text{또는 } \frac{1}{10}\right)$	(2) 73	
4	(1) $<$	(2) $>$	(3) $<$
5	(1) 4.9	(2) 6.2	
6	세희	7	3.2컵
8	1.6, 2.2	9	③, ④
10	7.6, 2.3	11	3개
12	0.7판	13	다은, 준성, 규현

1 (1) 색칠한 부분은 전체를 똑같이 10으로 나눈 것 중의 5이므로 $\frac{5}{10}=0.5$입니다.
(2) 색칠한 부분은 전체를 똑같이 10으로 나눈 것 중의 8이므로 $\frac{8}{10}=0.8$입니다.

2 (1) 0.1이 3개이므로 0.3(영 점 삼)입니다.
(2) 0.1이 16개이므로 1.6(일 점 육)입니다.

다른 풀이 (2) 색칠한 부분은 1과 0.6만큼이므로 1.6입니다.

3 (1) 0.1이 ■개이면 0.■이므로 0.9는 0.1이 9개입니다.
(2) 0.1이 ■▲개이면 ■.▲이므로 0.1이 73개이면 7.3입니다.

4 (1) 3과 0.6만큼의 수: 3.6 → $3.5<3.6$ ($5<6$)
(2) 8과 0.4만큼의 수: 8.4 → $8.4>7.9$ ($8>7$)
(3) 0.1이 21개인 수: 2.1 → $1.6<2.1$ ($1<2$)

5 (1) 49 mm는 0.1 cm가 49개이므로 4.9 cm입니다.
(2) 62 mm는 0.1 cm가 62개이므로 6.2 cm입니다.

참고 1 mm=0.1 cm입니다.

6 세희: $\frac{1}{10}=0.1$이므로 $\frac{1}{10}$이 7개이면 0.7입니다.
준하: 0.1이 5개이면 0.5입니다.

7 컵에서 눈금 한 칸은 0.1컵입니다. 물이 3컵과 0.2컵이므로 모두 3.2컵입니다.

8 1 km를 똑같이 10으로 나누었으므로 1칸은 0.1 km입니다.
• 0～㉠: 1 km에서 6칸 더 갔으므로 1.6 km입니다.
• 0～㉡: 2 km에서 2칸 더 갔으므로 2.2 km입니다.

9 ③ $7.4>5.8$ ($7>5$)　④ $6.1>5.9$ ($6>5$)

10 $7>6>3>2$이므로 만들 수 있는 가장 큰 수는 7.6, 가장 작은 수는 2.3입니다.

11 소수점 왼쪽의 수가 같으므로 소수점 오른쪽의 수를 비교하면 6<□입니다.
따라서 □ 안에 들어갈 수 있는 수는 7, 8, 9로 모두 3개입니다.

12 피자 한 판을 똑같이 10조각으로 나눈 것 중의 한 조각은 0.1판입니다. 먹고 남은 피자는 $10-3=7$(조각)이므로 0.7판입니다.

13 $\frac{9}{10}=0.9$이므로 소수의 크기를 비교하면 $1.2>0.9>0.8$입니다.
따라서 멀리 뛴 학생부터 차례로 이름을 쓰면 다은, 준성, 규현입니다.

05 일차

개념 확인 24~25쪽

1 (1) $\frac{55}{100}$, 0.55 (2) $\frac{48}{100}$, 0.48
(3) $\frac{77}{100}$, 0.77 (4) $\frac{86}{100}$, 0.86

2 (1) 사 점 일오에 ○표
(2) 육 점 삼이에 ○표
(3) 팔 점 영구에 ○표
(4) 칠 점 육사에 ○표
(5) 십구 점 영팔에 ○표

1 (1) 색칠된 칸은 전체를 똑같이 100칸으로 나눈 것 중의 55칸이므로 분수로 $\frac{55}{100}$, 소수로 0.55입니다.
(2) 색칠된 칸은 전체를 똑같이 100칸으로 나눈 것 중의 48칸이므로 분수로 $\frac{48}{100}$, 소수로 0.48입니다.
(3) 색칠된 칸은 전체를 똑같이 100칸으로 나눈 것 중의 77칸이므로 분수로 $\frac{77}{100}$, 소수로 0.77입니다.
(4) 색칠된 칸은 전체를 똑같이 100칸으로 나눈 것 중의 86칸이므로 분수로 $\frac{86}{100}$, 소수로 0.86입니다.

참고 모눈 한 칸의 크기는 $\frac{1}{100}$=0.01입니다.

2 (1) 4 . 15 / 사 점 일오
(2) 6 . 32 / 육 점 삼이
(3) 8 . 09 / 팔 점 영구

주의 소수점 아래를 읽을 때 0을 빠뜨리지 않고 읽도록 주의합니다.
8.09 ➔ 팔 점 구(╳), 팔 점 영구(○)

(4) 7 . 64 / 칠 점 육사
(5) 19 . 08 / 십구 점 영팔

기본 다지기 26~27쪽

1 (1) 예 (2) 예

2 (1) 2.84, 2.96 (2) 6.38, 6.52

3 (1) 0.74, 영 점 칠사
(2) 1.43, 일 점 사삼

4 (1) 0.82 (2) 4.16
(3) 0.98 (4) 5.07

5 (1) 영 점 사육에 ○표
(2) 십칠 점 영팔에 ○표

6 (선 잇기)

7 ㉡

8 일 점 칠오

1 (1) 0.32는 0.01이 32개인 수이므로 모눈 32칸을 색칠합니다.
(2) 0.76은 0.01이 76개인 수이므로 모눈 76칸을 색칠합니다.

2 수직선에서 작은 눈금 한 칸은 0.01을 나타냅니다.
(1) 2.8에서 4칸 더 갔으므로 2.84이고, 2.9에서 6칸 더 갔으므로 2.96입니다.
(2) 6.3에서 8칸 더 갔으므로 6.38이고, 6.5에서 2칸 더 갔으므로 6.52입니다.

4 (1) 영 점 팔이 / 0 . 82 (2) 사 점 일육 / 4 . 16
(3) 영 점 구팔 / 0 . 98 (4) 오 점 영칠 / 5 . 07

5 소수를 읽을 때 소수점 아래는 자릿값은 읽지 않고 숫자만 차례로 읽습니다.

6 • $3\frac{15}{100}$=3.15(삼 점 일오)
• 0.01이 135개인 수 ➔ 1.35 ➔ 일 점 삼오
• 5.31 ➔ 오 점 삼일

7 ㉡ 이 점 사 ➔ 2.4=$2\frac{4}{10}$

8 1.75는 일 점 칠오라고 읽습니다.

06 일차

개념 확인

28~29쪽

1 (1) 4 / 0.1 / 둘째에 ○표
(2) 일에 ○표 / 첫째에 ○표, 0.2 / 둘째에 ○표, 0.08
(3) 십에 ○표, 10 / 일에 ○표, 2 / 둘째에 ○표, 0.06

2 (1) 0.96 (2) 3.47 (3) 7.58
(4) 12.29 (5) 5.08

1 ■▲.●★ (■, ▲, ●, ★은 한 자리 수)
→ 십의 자리 숫자, ■0을 나타냄.
→ 일의 자리 숫자, ▲를 나타냄.
→ 소수 첫째 자리 숫자, 0.●를 나타냄.
→ 소수 둘째 자리 숫자, 0.0★을 나타냄.

2 (1) 0.1이 9개이면 0.9, 0.01이 6개이면 0.06이므로 0.96입니다.
(2) 1이 3개이면 3, 0.1이 4개이면 0.4, 0.01이 7개이면 0.07이므로 3.47입니다.
(3) 1이 7개이면 7, 0.1이 5개이면 0.5, 0.01이 8개이면 0.08이므로 7.58입니다.
(4) 1이 12개이면 12, 0.1이 2개이면 0.2, 0.01이 9개이면 0.09이므로 12.29입니다.
(5) 1이 5개이면 5, 0.01이 8개이면 0.08이므로 5.08입니다.

기본 다지기

30~31쪽

1 (1) 0.04 (2) 0.3
(3) 6 (4) 0

2 (1) 3.86 (2) 52.17

3 (1) (위에서부터) 3, 2 / 3, 0.02
(2) (위에서부터) 8, 4, 5 / 8, 0.4, 0.05

4 (1) 1.47에 ○표 (2) 2.07에 ○표

5 9.58, 구 점 오팔 6 ②

7 ㉡ 8 0.05

1 (1) 4는 소수 둘째 자리 숫자이므로 0.04를 나타냅니다.
(2) 3은 소수 첫째 자리 숫자이므로 0.3을 나타냅니다.
(3) 6은 일의 자리 숫자이므로 6을 나타냅니다.
(4) 0은 어느 자리 숫자라도 항상 0을 나타냅니다.

2 (1) 1이 3개이면 3, 0.1이 8개이면 0.8, 0.01이 6개이면 0.06이므로 3.86입니다.
(2) 10이 5개이면 50, 1이 2개이면 2, $\frac{1}{10}$이 1개이면 0.1, $\frac{1}{100}$이 7개이면 0.07이므로 52.17입니다.

참고 $\frac{1}{10}=0.1$, $\frac{1}{100}=0.01$

3 (1) 3.62에서 3은 일의 자리 숫자이므로 3을, 2는 소수 둘째 자리 숫자이므로 0.02를 나타냅니다.
(2) 8.45에서 8은 일의 자리 숫자이므로 8을, 4는 소수 첫째 자리 숫자이므로 0.4를, 5는 소수 둘째 자리 숫자이므로 0.05를 나타냅니다.

4 각 수의 소수 둘째 자리 숫자를 알아봅니다.
(1) 7.24 → 4, 3.79 → 9, 1.47 → 7
(2) 5.76 → 6, 2.07 → 7, 7.38 → 8

5 9.5 8 → 구 점 오팔이라고 읽습니다.
→ 일의 자리 숫자
→ 소수 첫째 자리 숫자
→ 소수 둘째 자리 숫자

6 ① 1.74 → 0.04 ② 4.68 → 4
③ 9.42 → 0.4 ④ 0.41 → 0.4
⑤ 8.94 → 0.04
4 > 0.4 > 0.04이므로 숫자 4가 나타내는 수가 가장 큰 수는 ② 4.68입니다.

7 ㉠ 9.67은 0.01이 967개인 수입니다.
㉢ 6은 0.6을 나타냅니다.

8 1.95에서 숫자 5는 소수 둘째 자리 숫자이므로 0.05를 나타냅니다.

07 일차

개념 확인 32~33쪽

1 (1) 0.234, 영 점 이삼사
(2) 0.017, 영 점 영일칠
(3) 0.009, 영 점 영영구
(4) 0.745, 영 점 칠사오
(5) 0.056, 영 점 영오육
(6) 0.108, 영 점 일영팔

2 (1) 이 점 팔오구에 ○표
(2) 삼 점 칠일오에 ○표
(3) 구 점 영사삼에 ○표
(4) 팔 점 육오사에 ○표
(5) 십일 점 오영사에 ○표

1 ■, ▲, ●, ★이 각각 한 자리 수일 때

$\frac{■}{1000}$=0.00■, $\frac{■▲}{1000}$=0.0■▲,
$\frac{■▲●}{1000}$=0.■▲●, $\frac{■▲●★}{1000}$=■.▲●★

2 (1) 2 . 859 (이 점 팔오구)　(2) 3 . 715 (삼 점 칠일오)
(3) 9 . 043 (구 점 영사삼)　(4) 8 . 654 (팔 점 육오사)
(5) 11 . 504 (십일 점 오영사)

참고 소수점 오른쪽의 수를 읽을 때는 자릿값은 읽지 않고 숫자만 차례로 읽습니다.

기본 다지기 34~35쪽

1 (1) 0.674　(2) 0.458

2 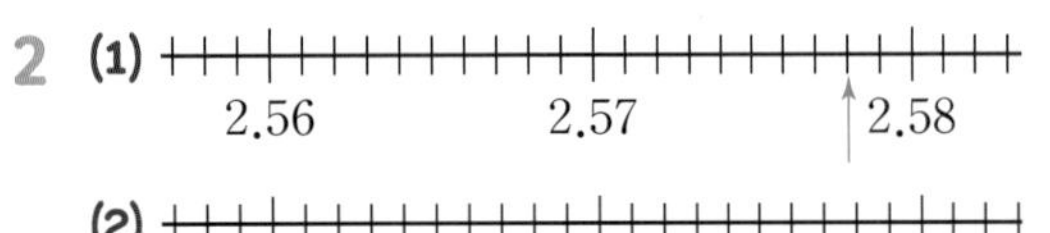

3 (1) 0.294, 영 점 이구사
(2) 2.368, 이 점 삼육팔

4 (1) 0.401　(2) 5.273

5 (위에서부터) 영 점 이육삼 / $5\frac{792}{1000}$, 5.792 / 4.048, 사 점 영사팔

6 (1) 0.526　(2) 0.049

7 지은　8 1.435

1 모눈 한 칸의 크기는 0.001입니다.
(1) 색칠된 부분은 674칸입니다.
→ 0.001이 674개이므로 0.674입니다.
(2) 색칠된 부분은 458칸입니다.
→ 0.001이 458개이므로 0.458입니다.

2 수직선에서 작은 눈금 한 칸은 0.001을 나타냅니다.
(1) 2.578은 2.57에서 오른쪽으로 8칸 더 간 곳에 나타냅니다.
(2) 3.457은 3.45에서 오른쪽으로 7칸 더 간 곳에 나타냅니다.

3 $\frac{1}{1000}$=0.001입니다.

참고 ■, ▲, ●, ★이 각각 한 자리 수일 때
■$\frac{▲●★}{1000}$=■.▲●★입니다.

4 (1) 영 점 사영일 / 0 . 401　(2) 오 점 이칠삼 / 5 . 273

5 • 0.263은 영 점 이육삼이라고 읽습니다.
• 오 점 칠구이는 5.792입니다.
5.792를 분수로 나타내면 $5\frac{792}{1000}$입니다.
• $4\frac{48}{1000}$은 4.048이라 쓰고 사 점 영사팔이라고 읽습니다.

6 1 km=1000 m → 1 m=0.001 km
(1) 526 m=0.526 km
(2) 49 m=0.049 km

7 • 정훈: 4.082 → 사 점 영팔이
• 세영: 21.504 → 이십일 점 오영사

8 1 km=1000 m → 1 m=0.001 km
1435 m는 0.001 km가 1435개이므로 1.435 km입니다.

08 일차

개념 확인 36~37쪽

1 (1) 소수 첫째에 ○표, 0.3
(2) 일의에 ○표, 3
(3) 셋째에 ○표, 0.003
(4) 둘째에 ○표, 0.03

2 (1) 0.573 (2) 0.082
(3) 4.351 (4) 6.708

1 ■.▲●★ (■, ▲, ●, ★은 한 자리 수)
→ 일의 자리 숫자, ■를 나타냄.
→ 소수 첫째 자리 숫자, 0.▲를 나타냄.
→ 소수 둘째 자리 숫자, 0.0●를 나타냄.
→ 소수 셋째 자리 숫자, 0.00★을 나타냄.

2 ■, ▲, ●, ★이 각각 한 자리 수일 때
1이 ■개, 0.1이 ▲개, 0.01이 ●개, 0.001이 ★개인 수는
■+0.▲+0.0●+0.00★=■.▲●★
입니다.

기본 다지기 38~39쪽

1 (1) 8, 3, 4 (2) 5, 0, 9, 7

2 (1) 0.02 (2) 0.001
(3) 0.7 (4) 10

3 (1) 0.453 (2) 8.904

4 (1) 7.318에 ○표 (2) 6.218에 ○표

5 준하

6 (1) (위에서부터) 0.484 / 0.473 / 0.583
(2) (위에서부터) 1.526 / 1.537 / 1.427, 1.627

7 0.02

1 (1) 2.8 3 4
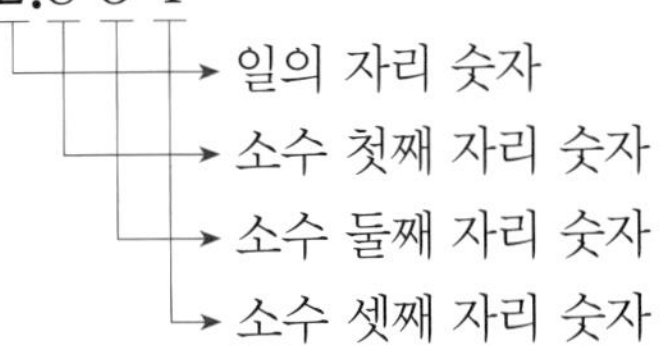

(2) 5.0 9 7
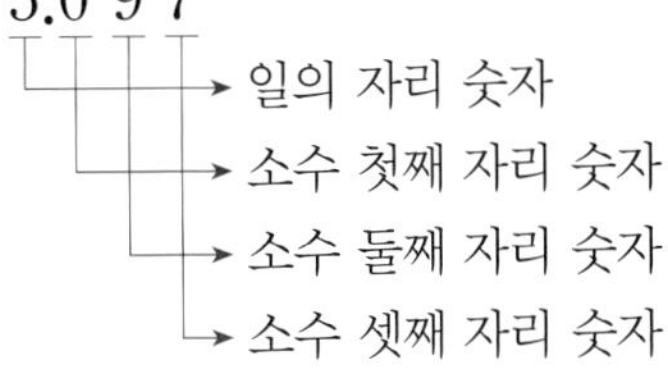

2 (1) 2는 소수 둘째 자리 숫자이므로 0.02를 나타냅니다.
(2) 1은 소수 셋째 자리 숫자이므로 0.001을 나타냅니다.
(3) 7은 소수 첫째 자리 숫자이므로 0.7을 나타냅니다.
(4) 1은 십의 자리 숫자이므로 10을 나타냅니다.

3 (1) 0.1이 4개이면 0.4, 0.01이 5개이면 0.05, 0.001이 3개이면 0.003이므로 0.453입니다.
(2) 1이 8개이면 8, $\frac{1}{10}$이 9개이면 0.9, $\frac{1}{1000}$이 4개이면 0.004이므로 8.904입니다.

4 숫자 8이 나타내는 수를 알아봅니다.
(1) 0.854 → 0.8, 7.318 → 0.008
(2) 6.218 → 0.008, 4.582 → 0.08

5 재희: 6.518 → 1
준하: 4.371 → 7
연주: 8.467 → 6
따라서 7>6>1이므로 소수 둘째 자리 숫자가 가장 큰 수를 말한 친구는 준하입니다.

6 • 0.001 작은 수, 0.001 큰 수는 소수 셋째 자리 숫자가 1 작은 수, 1 큰 수입니다.
• 0.01 작은 수, 0.01 큰 수는 소수 둘째 자리 숫자가 1 작은 수, 1 큰 수입니다.
• 0.1 작은 수, 0.1 큰 수는 소수 첫째 자리 숫자가 1 작은 수, 1 큰 수입니다.

7 6.927에서 2는 소수 둘째 자리 숫자이므로 0.02를 나타냅니다.

09 일차

개념 확인 40~41쪽

1 (1) $<$ (2) $<$ (3) $>$ (4) $>$ (5) $>$ (6) $>$

2 (1) $>$ (2) $<$ (3) $<$ (4) $<$ (5) $>$ (6) $<$ (7) $<$ (8) $>$ (9) $<$ (10) $>$

1 모눈종이에 색칠한 부분이 많은 쪽이 더 큽니다.

2 (5) $5.612>4.976$ ($5>4$)　(6) $6.301<6.305$ ($1<5$)
(7) $9.349<9.934$ ($3<9$)　(8) $7.05>7.048$ ($5>4$)
(9) $8.134<8.14$ ($3<4$)　(10) $11.235>11.230$ ($5>0$)

기본 다지기 42~43쪽

1 (1) 예 / $<$
(2) 예 / $>$

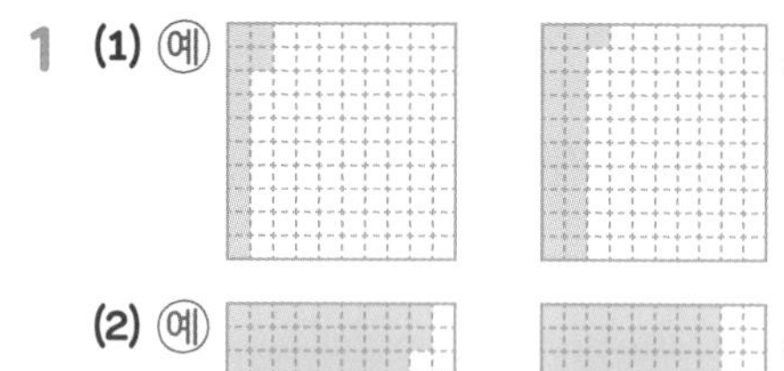

2 $0.48\cancel{0}$, $8.7\cancel{00}$

3

/ $>$

4 (1) $<$ (2) $>$ (3) $=$ (4) $<$

5 (1) 5.86 (2) 3.65

6 (1) ( ) (○) (2) (○) ( )

7 4.8에 △표, 5.307에 ○표

8 서연이네 집

1 모눈 한 칸의 크기는 0.01입니다.
(1) 0.12는 모눈 12칸을, 0.21은 모눈 21칸을 색칠합니다. 색칠한 칸 수가 많을수록 더 큰 수이므로 $0.12<0.21$입니다.
(2) 0.82는 모눈 82칸을, 0.75는 모눈 75칸을 색칠합니다. 색칠한 칸 수가 많을수록 더 큰 수이므로 $0.82>0.75$입니다.

2 소수는 필요한 경우 오른쪽 끝자리에 0을 붙여서 나타낼 수 있습니다.
따라서 소수의 오른쪽 끝자리에 있는 0은 생략할 수 있습니다.

3 수직선에서 작은 눈금 한 칸의 크기는 0.001입니다.
2.435는 2.43에서 오른쪽으로 작은 눈금 5칸 더 간 곳에, 2.426은 2.42에서 오른쪽으로 작은 눈금 6칸 더 간 곳에 표시합니다.
수직선에서 오른쪽에 있는 수가 더 큰 수이므로 $2.435>2.426$입니다.
참고 $2.435>2.426$ ($3>2$)

4 (1) $2.64<3.16$ ($2<3$)　(2) $4.062>4.037$ ($6>3$)
(3) $0.38=0.38\cancel{0}$　(4) $6.82<6.9$ ($8<9$)

5 (1) $5.86>5.79$ ($8>7$)　(2) $3.642<3.65$ ($4<5$)

6 (1) 0.01이 86개인 수는 0.86, 0.001이 859개인 수는 0.859입니다. → $0.86>0.859$ ($6>5$)
(2) 0.01이 323개인 수는 3.23, 0.1이 33개인 수는 3.3입니다. → $3.23<3.3$ ($2<3$)

7 자연수 부분을 비교하면 $4<5$이므로 4.8이 가장 작습니다.
5.29와 5.307의 소수 첫째 자리 숫자를 비교하면 $2<3$이므로 5.307이 가장 큽니다.

8 $1.327<1.341$ ($2<4$)이므로 학교에서 서연이네 집이 더 가깝습니다.

10 일차

개념 확인 44~45쪽

1 (1) 10 (2) 0.01
(3) 0.01 (4) 10
(5) 0.1 (6) 100

2 (1) 0.07, 7 (2) 0.012, 1.2
(3) 8.54, 85.4 (4) 0.93, 9.3, 930

1

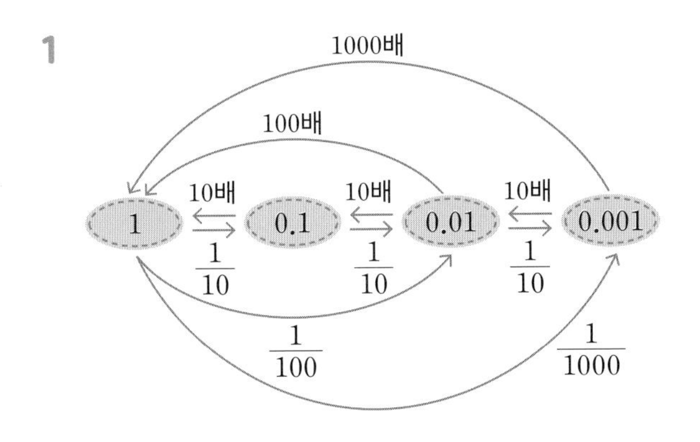

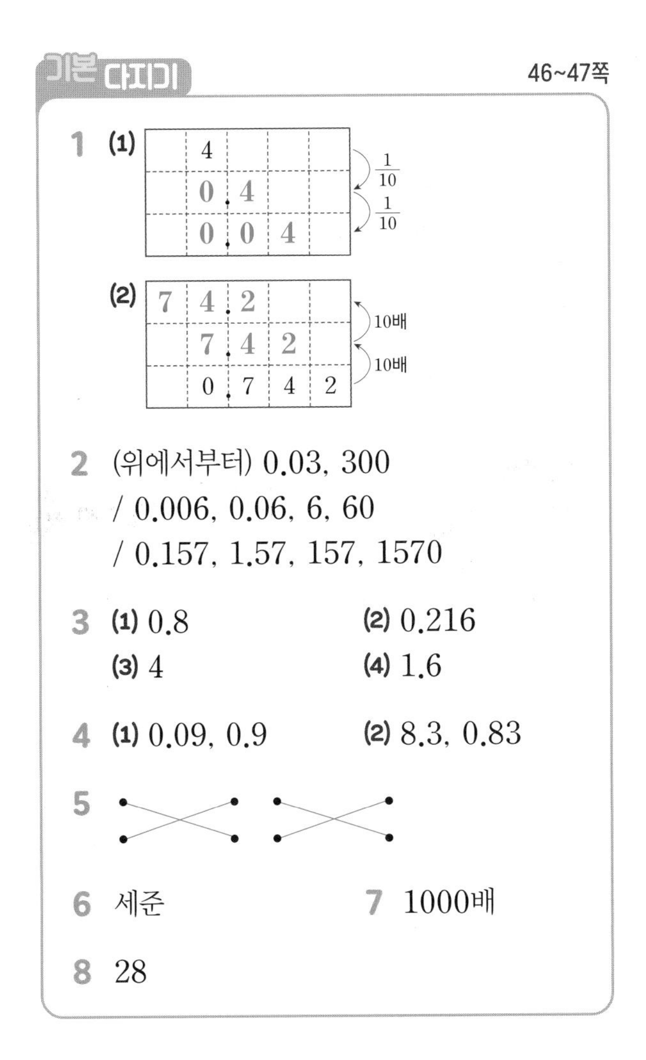

기본 다지기 46~47쪽

1 (1)

	4			
	0	4		
	0	0	4	

($\frac{1}{10}$, $\frac{1}{10}$)

(2)

7	4	2		
	7	4	2	
	0	7	4	2

(10배, 10배)

2 (위에서부터) 0.03, 300
/ 0.006, 0.06, 6, 60
/ 0.157, 1.57, 157, 1570

3 (1) 0.8 (2) 0.216
(3) 4 (4) 1.6

4 (1) 0.09, 0.9 (2) 8.3, 0.83

5

6 세준 **7** 1000배

8 28

2 • 소수의 $\frac{1}{10}$을 하면 소수점을 기준으로 수가 오른쪽으로 한 자리 이동합니다.
• 소수를 10배 하면 소수점을 기준으로 수가 왼쪽으로 한 자리 이동합니다.

3 소수의 $\frac{1}{10}$, $\frac{1}{100}$을 하면 소수점을 기준으로 수가 오른쪽으로 한 자리, 두 자리 이동합니다. 소수를 10배, 100배 하면 소수점을 기준으로 수가 왼쪽으로 한 자리, 두 자리 이동합니다.

4 (1)

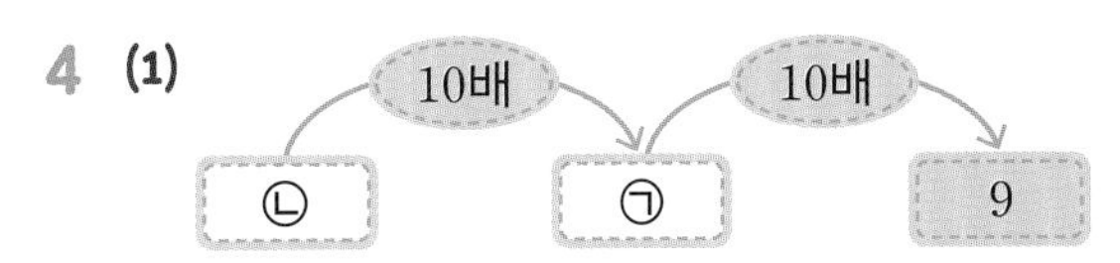

㉠의 10배가 9이므로 ㉠은 9의 $\frac{1}{10}$입니다. ➔ ㉠=0.9
㉡의 10배가 0.9이므로 ㉡은 0.9의 $\frac{1}{10}$입니다. ➔ ㉡=0.09

(2)

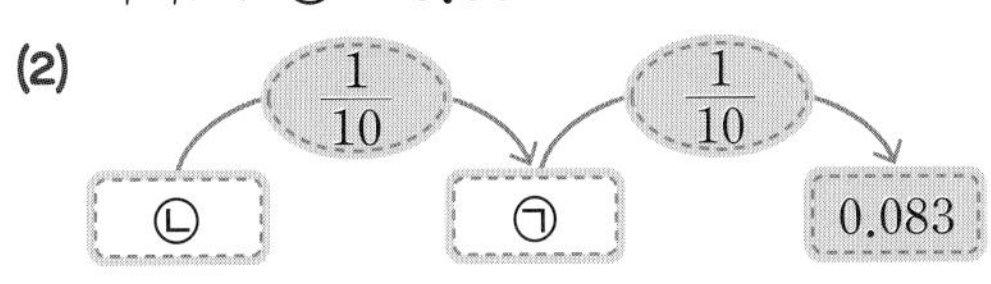

㉠의 $\frac{1}{10}$이 0.083이므로 ㉠은 0.083의 10배입니다. ➔ ㉠=0.83
㉡의 $\frac{1}{10}$이 0.83이므로 ㉡은 0.83의 10배입니다. ➔ ㉡=8.3

5 • 6.4의 $\frac{1}{100}$ ➔ 0.064, 6.4의 10배 ➔ 64
• 64의 $\frac{1}{100}$ ➔ 0.64, 64의 10배 ➔ 640

6 주연: 2054의 $\frac{1}{100}$ ➔ 20.54
세준: 20.54의 $\frac{1}{10}$ ➔ 2.054
민아: 2.054의 10배 ➔ 20.54

7 ㉠은 일의 자리 숫자이므로 6을 나타내고, ㉡은 소수 셋째 자리 숫자이므로 0.006을 나타냅니다. ➔ 6은 0.006의 1000배입니다.

8 0.28의 100배는 소수점을 기준으로 수가 왼쪽으로 두 자리 이동하므로 28입니다.

11 일차

마무리 하기 48~51쪽

1 (앞에서부터) 5.238, 5.246

2 ③, ⑤

3 (1) 2.48 (2) 53.107 (3) 6.095

4 (1) $<$ (2) $>$

5 3.750, 3.75에 ○표

6 0.64 m 7 ④

8 ㉢ 9 규은

10 6.532 / 2.356 11 375 g

12 1.25 L 13 학교, 은행, 도서관

1 작은 눈금 한 칸의 크기는 0.001입니다. 5.23에서 오른쪽으로 8칸 더 간 곳은 5.238이고, 5.24에서 오른쪽으로 6칸 더 간 곳은 5.246입니다.

2 ③ 3.045 → 삼 점 영사오
⑤ 10.78 → 십 점 칠팔

4 (1) $6.34 < 6.5$ ($3 < 5$) (2) $2.874 > 2.871$ ($4 > 1$)

5 소수는 필요한 경우 오른쪽 끝자리에 0을 붙여서 나타낼 수 있습니다.
→ $3.75 = 3.750$

6 수직선에서 작은 눈금 한 칸은 0.01 m를 나타냅니다. 승주가 사용한 종이 테이프는 0.6에서 작은 눈금 4칸만큼 더 길므로 0.6 m부터 0.01 m씩 4번 커지면 0.64 m입니다.

7 ④ 0.001이 289개인 수는 0.289에 대한 설명입니다.
참고 소수 2.089는 0.001이 2089개인 수입니다.

8 ㉠ 6.83 → 6 ㉡ 2.64 → 0.6
㉢ 3.46 → 0.06

9 다인: 3168의 $\frac{1}{100}$ → 31.68
규은: 31.68의 10배 → 316.8
하준: 316.8의 $\frac{1}{10}$ → 31.68

10 수 카드를 한 번씩 모두 사용하여 만들 수 있는 소수 세 자리 수는 □.□□□입니다. 가장 큰 소수는 큰 수부터 차례로 높은 자리에 놓아 만들고, 가장 작은 소수는 작은 수부터 차례로 높은 자리에 놓아 만듭니다.

11 금 100돈의 무게는 금 한 돈의 무게의 100배입니다. 3.75의 100배는 375이므로 금 100돈의 무게는 375 g입니다.

12 일 점 오이를 소수로 쓰면 1.52입니다. 1.52에서 소수 첫째 자리 숫자와 소수 둘째 자리 숫자를 서로 바꾸면 1.25이므로 콜라의 들이는 1.25 L입니다.

13 $1027\text{ m} = 1.027\text{ km}$
$0.962 < 0.98 < 1.027$이므로 집에서 가까운 곳부터 차례로 쓰면 학교, 은행, 도서관입니다.

미래엔 환경 지킴이 52쪽

그림에서 찾을 수 있는 환경지킴이가 아닌 행동:
고성 지르기, 길에 쓰레기 버리기, 물 낭비하기, 공공장소에 낙서하기, 나무 꺾기

2장 소수의 덧셈과 뺄셈

12 일차

개념 확인 54~55쪽

1 (1) 2.7 (2) 3.9
(3) 5.5 (4) 9.7
(5) 4.9 (6) 6.8

2 (1) 62, 6.2 (2) 132, 13.2
(3) 121, 12.1
(4) $\begin{array}{r} \scriptstyle 1 \\ 2.7 \\ +\ 5.8 \\ \hline \boxed{8}.\boxed{5} \end{array}$
(5) $\begin{array}{r} \scriptstyle 1 \\ 1.6 \\ +\ 6.5 \\ \hline \boxed{8}.\boxed{1} \end{array}$
(6) $\begin{array}{r} \scriptstyle 1 \\ 3.4 \\ +\ 2.9 \\ \hline \boxed{6}.\boxed{3} \end{array}$

기본 다지기 56~57쪽

1 (1) 0.8 (2) 0.9

2 (1) 0.6 (2) 0.9 (3) 2.2 (4) 2.1
(5) 4.2 (6) 5.4 (7) 8.3 (8) 8.1

3 (1) 3.1 (2) 5.2

4 

5 (1) 8.4 / 10.9 (2) 4.7 / 22

6 (1) 1.3 (2) 13.3

7 0.2+0.5=0.7 / 0.7

1 (1) 0에서 오른쪽으로 0.6만큼 이동한 후 오른쪽으로 0.2만큼 더 이동하면 0.8이므로 0.6+0.2=0.8입니다.
(2) 0에서 오른쪽으로 0.4만큼 이동한 후 오른쪽으로 0.5만큼 더 이동하면 0.9이므로 0.4+0.5=0.9입니다.

2 (1) $\begin{array}{r} 0.2 \\ +\ 0.4 \\ \hline 0.6 \end{array}$ (2) $\begin{array}{r} 0.3 \\ +\ 0.6 \\ \hline 0.9 \end{array}$

(3) $\begin{array}{r} \scriptstyle 1 \\ 1.5 \\ +\ 0.7 \\ \hline 2.2 \end{array}$ (4) $\begin{array}{r} \scriptstyle 1 \\ 1.4 \\ +\ 0.7 \\ \hline 2.1 \end{array}$

(5) $\begin{array}{r} \scriptstyle 1 \\ 2.8 \\ +\ 1.4 \\ \hline 4.2 \end{array}$ (6) $\begin{array}{r} \scriptstyle 1 \\ 3.6 \\ +\ 1.8 \\ \hline 5.4 \end{array}$

(7) $\begin{array}{r} \scriptstyle 1 \\ 5.9 \\ +\ 2.4 \\ \hline 8.3 \end{array}$ (8) $\begin{array}{r} \scriptstyle 1 \\ 4.8 \\ +\ 3.3 \\ \hline 8.1 \end{array}$

3 (1) $\begin{array}{r} \scriptstyle 1 \\ 2.5 \\ +\ 0.6 \\ \hline 3.1 \end{array}$ (2) $\begin{array}{r} \scriptstyle 1 \\ 1.9 \\ +\ 3.3 \\ \hline 5.2 \end{array}$

주의 소수점의 자리를 맞추어 쓰고 받아올림에 주의하여 더합니다.

4 •8.4+1.3=9.7 •4.6+4.5=9.1
•5.7+3.4=9.1 •2.8+6.9=9.7

5 (1) 6.3+2.1=8.4, 1.5+9.4=10.9
(2) 0.8+3.9=4.7, 17.3+4.7=22

6 (1) ㉠+㉡은 0.1이 7+6=13(개)인 수이므로 1.3입니다.

다른 풀이 ㉠ 0.1이 7개인 수: 0.7
㉡ 0.1이 6개인 수: 0.6
→ 0.7+0.6=1.3

(2) ㉠+㉡은 0.1이 42+91=133(개)인 수이므로 13.3입니다.

다른 풀이 ㉠ 0.1이 42개인 수: 4.2
㉡ 0.1이 91개인 수: 9.1
→ 4.2+9.1=13.3

7 (두 컵에 들어 있는 물의 양)
=(가 컵에 들어 있는 물의 양)
+(나 컵에 들어 있는 물의 양)
=0.2+0.5=0.7 (L)

13 일차

개념 확인 58~59쪽

1 (1) 538, 5.38 (2) 893, 8.93
(3) 783, 7.83 (4) 614, 6.14

2 (1) 6.55 (2) 9.78
(3) 7.95 (4) 7.98

(5)
$$\begin{array}{r} ① \\ 1.27 \\ +3.28 \\ \hline 4.55 \end{array}$$

(6)
$$\begin{array}{r} ① \\ 1.93 \\ +6.41 \\ \hline 8.34 \end{array}$$

(7)
$$\begin{array}{r} ①① \\ 3.75 \\ +2.86 \\ \hline 6.61 \end{array}$$

(8)
$$\begin{array}{r} ①① \\ 3.64 \\ +5.68 \\ \hline 9.32 \end{array}$$

기본 다지기 60~61쪽

1 (1) 0.47 (2) 0.72

2 (1) 0.67 (2) 0.41
(3) 1.82 (4) 5.65
(5) 14.39 (6) 21.32

3 (1) 1.67 (2) 6.39

4 (1) 2.55 (2) 7.23

5 (1) $>$ (2) $<$

6 8.19

7 $0.64+0.28=0.92$ / 0.92

1 모눈 한 칸의 크기는 0.01입니다.
(1) 모눈종이에서 $0.35+0.12$는 모눈 47칸이므로 0.47입니다.
(2) 모눈종이에서 $0.48+0.24$는 모눈 72칸이므로 0.72입니다.

2 (1)
$$\begin{array}{r} 0.43 \\ +0.24 \\ \hline 0.67 \end{array}$$

(2)
$$\begin{array}{r} 1 \\ 0.26 \\ +0.15 \\ \hline 0.41 \end{array}$$

(3)
$$\begin{array}{r} 1 \\ 1.45 \\ +0.37 \\ \hline 1.82 \end{array}$$

(4)
$$\begin{array}{r} 1 \\ 2.17 \\ +3.48 \\ \hline 5.65 \end{array}$$

(5)
$$\begin{array}{r} 1 \\ 12.54 \\ +1.85 \\ \hline 14.39 \end{array}$$

(6)
$$\begin{array}{r} 111 \\ 16.79 \\ +4.53 \\ \hline 21.32 \end{array}$$

3 (1)
$$\begin{array}{r} 0.42 \\ +1.25 \\ \hline 1.67 \end{array}$$

(2)
$$\begin{array}{r} 1 \\ 3.63 \\ +2.76 \\ \hline 6.39 \end{array}$$

주의 소수점의 자리를 맞추어 쓰고 받아올림에 주의하여 같은 자리 수끼리 더합니다.

4 (1) $0.43+2.12=2.55$

참고
$$\begin{array}{r} 0.43 \\ +2.12 \\ \hline 2.55 \end{array}$$

(2) $5.67+1.56=7.23$

참고
$$\begin{array}{r} 11 \\ 5.67 \\ +1.56 \\ \hline 7.23 \end{array}$$

5 (1) $0.25+1.31=1.56$
$0.84+0.62=1.46$
→ $1.56>1.46$
(2) $2.24+4.17=6.41$
$3.64+2.79=6.43$
→ $6.41<6.43$

6 $6.43>5.18>1.76$이므로
가장 큰 수는 6.43,
가장 작은 수는 1.76입니다.
→ $6.43+1.76=8.19$

7 (누나가 딴 딸기의 무게)
=(은우가 딴 딸기의 무게)$+0.28$
$=0.64+0.28=0.92$ (kg)

14 일차

개념 확인 62~63쪽

1 (1) 30 / 184, 1.84
(2) 740 / 752, 7.52
(3) 642 / 90 / 732, 7.32
(4) 940 / 263 / 1203, 12.03

2 (1) 5.55 (2) 8.76

(3) $\begin{array}{r} 2.48 \\ +\ 4.90 \\ \hline 7.38 \end{array}$ (4) $\begin{array}{r} 1.80 \\ +\ 7.31 \\ \hline 9.11 \end{array}$

(5) $\begin{array}{r} 7.7 \\ +\ 0.64 \\ \hline 8.34 \end{array}$ (6) $\begin{array}{r} 1.48 \\ +\ 2.9 \\ \hline 4.38 \end{array}$

(7) $\begin{array}{r} 0.72 \\ +\ 6.5 \\ \hline 7.22 \end{array}$ (8) $\begin{array}{r} 8.5 \\ +\ 6.93 \\ \hline 15.43 \end{array}$

기본 다지기 64~65쪽

1 (1) $\begin{array}{r} 2.3 \\ +\ 1.52 \\ \hline 3.82 \end{array}$ (2) $\begin{array}{r} 0.46 \\ +\ 1.3 \\ \hline 1.76 \end{array}$

2 (1) 2.36 (2) 6.24
(3) 8.32 (4) 6.55
(5) 17.37 (6) 21.23

3 (1) 1.38 (2) 7.05

4 (1) $\begin{array}{r} 2.6 \\ +\ 1.73 \\ \hline 4.33 \end{array}$ (2) $\begin{array}{r} 5.91 \\ +\ 2.4 \\ \hline 8.31 \end{array}$

5 14.34

6 (1) 1.8+4.72에 색칠
(2) 5.19+2.4에 색칠

7 3.71+4.3=8.01 / 8.01

1 소수점의 자리를 맞추어 세로로 쓴 다음 자연수의 덧셈과 같이 계산합니다. 이때 소수점은 그대로 내려 씁니다.

2 (1) $\begin{array}{r} 0.96 \\ +\ 1.4 \\ \hline 2.36 \end{array}$ (2) $\begin{array}{r} 2.9 \\ +\ 3.34 \\ \hline 6.24 \end{array}$

(3) $\begin{array}{r} 5.6 \\ +\ 2.72 \\ \hline 8.32 \end{array}$ (4) $\begin{array}{r} 4.75 \\ +\ 1.8 \\ \hline 6.55 \end{array}$

(5) $\begin{array}{r} 13.5 \\ +\ 3.87 \\ \hline 17.37 \end{array}$ (6) $\begin{array}{r} 14.73 \\ +\ 6.5 \\ \hline 21.23 \end{array}$

3 (1) $\begin{array}{r} 0.78 \\ +\ 0.6 \\ \hline 1.38 \end{array}$ (2) $\begin{array}{r} 1.2 \\ +\ 5.85 \\ \hline 7.05 \end{array}$

주의 소수의 덧셈을 할 때는 자연수처럼 오른쪽 끝자리를 기준으로 맞추어 쓰는 것이 아니라 소수점을 기준으로 자리를 맞추어 쓰고 계산해야 합니다.

4 (1) 소수점의 자리를 맞추어 계산해야 합니다.
(2) 소수점의 자리를 맞추어 계산했지만 받아올림을 하지 않았습니다.

5 6.54+7.8=14.34

참고 $\begin{array}{r} 6.54 \\ +\ 7.8 \\ \hline 14.34 \end{array}$

6 (1) 2.76+3.6=6.36, 1.8+4.72=6.52
→ 6.36<6.52
(2) 5.19+2.4=7.59, 4.5+2.83=7.33
→ 7.59>7.33

7 (지은이의 책가방 무게)+(선우의 책가방 무게)
=3.71+4.3=8.01 (kg)

15 일차

개념 확인 66~67쪽

1 (1) 2.2 (2) 2.4 (3) 5.3 (4) 4.3 (5) 3.1 (6) 1.2

2 (1) 38, 3.8 (2) 8, 0.8 (3) 55, 5.5

(4) $\begin{array}{r} \scriptstyle 4\ \ 10 \\ \cancel{5}.2 \\ -\,0.6 \\ \hline 4.6 \end{array}$

(5) $\begin{array}{r} \scriptstyle 7\ \ 10 \\ \cancel{8}.4 \\ -\,2.9 \\ \hline 5.5 \end{array}$

(6) $\begin{array}{r} \scriptstyle 8\ \ 10 \\ \cancel{9}.5 \\ -\,6.8 \\ \hline 2.7 \end{array}$

기본 다지기 68~69쪽

1 (1) 0.5 (2) 0.8

2 (1) 0.5 (2) 0.7 (3) 3.2 (4) 1.9 (5) 1.7 (6) 3.4 (7) 2.8 (8) 5.3

3 (1) 2.3 (2) 1.6

4

5 (1) 4.2 (2) 14.9

6 (1) ( ), (○) (2) (○), ( )

7 1.2−0.8=0.4 / 0.4

1 (1) 0.8만큼 색칠한 것 중 0.3만큼을 지우면 0.5가 남으므로 0.8−0.3=0.5입니다.
(2) 1.6만큼 색칠한 것 중 0.8만큼을 지우면 0.8이 남으므로 1.6−0.8=0.8입니다.

2 (1) $\begin{array}{r} 0.7 \\ -\,0.2 \\ \hline 0.5 \end{array}$ (2) $\begin{array}{r} \scriptstyle 0\ \ 10 \\ \cancel{1}.3 \\ -\,0.6 \\ \hline 0.7 \end{array}$

(3) $\begin{array}{r} 4.6 \\ -\,1.4 \\ \hline 3.2 \end{array}$ (4) $\begin{array}{r} \scriptstyle 2\ \ 10 \\ \cancel{3}.4 \\ -\,1.5 \\ \hline 1.9 \end{array}$

(5) $\begin{array}{r} \scriptstyle 1\ \ 10 \\ \cancel{2}.5 \\ -\,0.8 \\ \hline 1.7 \end{array}$ (6) $\begin{array}{r} \scriptstyle 6\ \ 10 \\ \cancel{7}.2 \\ -\,3.8 \\ \hline 3.4 \end{array}$

(7) $\begin{array}{r} \scriptstyle 5\ \ 10 \\ \cancel{6}.4 \\ -\,3.6 \\ \hline 2.8 \end{array}$ (8) $\begin{array}{r} \scriptstyle 0\ \ 11\ 10 \\ \cancel{1}\ \cancel{2}.1 \\ -\quad 6.8 \\ \hline 5.3 \end{array}$

3 (1) $\begin{array}{r} 5.9 \\ -\,3.6 \\ \hline 2.3 \end{array}$ (2) $\begin{array}{r} \scriptstyle 6\ \ 10 \\ \cancel{7}.3 \\ -\,5.7 \\ \hline 1.6 \end{array}$

주의 소수점의 자리를 맞추어 쓰고 받아내림에 주의하여 같은 자리 수끼리 계산합니다.

4 • 4.3−1.9=2.4 • 6.2−2.8=3.4
• 5.6−2.2=3.4 • 3.7−1.3=2.4

5 (1) 13.1−8.9=4.2

참고 $\begin{array}{r} \scriptstyle 0\ \ 12\ 10 \\ \cancel{1}\ \cancel{3}.1 \\ -\quad 8.9 \\ \hline 4.2 \end{array}$

(2) 24.5−9.6=14.9

참고 $\begin{array}{r} \scriptstyle 1\ \ 13\ 10 \\ \cancel{2}\ \cancel{4}.5 \\ -\quad 9.6 \\ \hline 1\ 4.9 \end{array}$

6 (1) 4.7−2.4=2.3, 3.6−0.9=2.7
➔ 2.3<2.7
(2) 8.3−5.8=2.5, 5.1−2.7=2.4
➔ 2.5>2.4

7 (마신 주스의 양)
=(처음에 있던 주스의 양)−(남은 주스의 양)
=1.2−0.8=0.4 (L)

개념 확인 70~71쪽

1 (1) 41, 0.41 (2) 281, 2.81
(3) 648, 6.48 (4) 264, 2.64

2 (1) 3.22 (2) 8.51
(3) 3.12 (4) 2.23

(5)
$$\begin{array}{r} \scriptstyle 5\ 10 \\ 0.\not{6}\,2 \\ -\ 0.4\,8 \\ \hline 0.1\,4 \end{array}$$

(6)
$$\begin{array}{r} \scriptstyle 7\ 10 \\ \not{8}.1\,6 \\ -\ 5.4\,2 \\ \hline 2.7\,4 \end{array}$$

(7)
$$\begin{array}{r} \scriptstyle 5\ 12\ 10 \\ \not{6}.\not{3}\,5 \\ -\ 2.5\,9 \\ \hline 3.7\,6 \end{array}$$

(8)
$$\begin{array}{r} \scriptstyle 8\ 13\ 10 \\ \not{9}.\not{4}\,7 \\ -\ 3.9\,8 \\ \hline 5.4\,9 \end{array}$$

2 소수점의 자리를 맞추어 같은 자리 수끼리 뺍니다. 받아내림에 주의하여 계산합니다.

기본 다지기 72~73쪽

1 (1) 0.12 (2) 0.24

2 (1) 0.32 (2) 0.26
(3) 1.56 (4) 2.77
(5) 4.68 (6) 0.56

3 (1) 0.28 (2) 3.54

4 (1) (위에서부터) 2.74, 3.85
(2) (위에서부터) 3.74, 4.86

5 (1) 1.34 (2) 4.59

6 1.97

7 1.46−0.97=0.49 / 공원, 0.49

1 (1) 0.36만큼 간 후 0.24만큼 되돌아가면 0.12이므로 0.36−0.24=0.12입니다.
(2) 0.52만큼 간 후 0.28만큼 되돌아가면 0.24이므로 0.52−0.28=0.24입니다.

2 (1)
$$\begin{array}{r} 0.4\,6 \\ -\ 0.1\,4 \\ \hline 0.3\,2 \end{array}$$

(2)
$$\begin{array}{r} \scriptstyle 7\ 10 \\ 0.\not{8}\,3 \\ -\ 0.5\,7 \\ \hline 0.2\,6 \end{array}$$

(3)
$$\begin{array}{r} \scriptstyle 2\ 10\ 10 \\ \not{3}.\not{1}\,2 \\ -\ 1.5\,6 \\ \hline 1.5\,6 \end{array}$$

(4)
$$\begin{array}{r} \scriptstyle 4\ 12\ 10 \\ \not{5}.\not{3}\,1 \\ -\ 2.5\,4 \\ \hline 2.7\,7 \end{array}$$

(5)
$$\begin{array}{r} \scriptstyle 8\ 14\ 10 \\ \not{9}.\not{5}\,3 \\ -\ 4.8\,5 \\ \hline 4.6\,8 \end{array}$$

(6)
$$\begin{array}{r} \scriptstyle 7\ 10\ 10 \\ \not{8}.\not{1}\,4 \\ -\ 7.5\,8 \\ \hline 0.5\,6 \end{array}$$

3 (1)
$$\begin{array}{r} \scriptstyle 5\ 10 \\ 0.\not{6}\,2 \\ -\ 0.3\,4 \\ \hline 0.2\,8 \end{array}$$

(2)
$$\begin{array}{r} \scriptstyle 7\ 10 \\ \not{8}.2\,9 \\ -\ 4.7\,5 \\ \hline 3.5\,4 \end{array}$$

주의 두 수의 차를 구할 때에는 큰 수에서 작은 수를 빼야 합니다.

4 (1) 6.28−3.54=2.74,
6.28−2.43=3.85
(2) 9.13−5.39=3.74,
9.13−4.27=4.86

5 (1) 2.76−1.42=1.34
참고
$$\begin{array}{r} 2.7\,6 \\ -\ 1.4\,2 \\ \hline 1.3\,4 \end{array}$$

(2) 7.54−2.95=4.59
참고
$$\begin{array}{r} \scriptstyle 6\ 14\ 10 \\ \not{7}.\not{5}\,4 \\ -\ 2.9\,5 \\ \hline 4.5\,9 \end{array}$$

6 5.24>4.86>3.27이므로
가장 큰 수는 5.24,
가장 작은 수는 3.27입니다.
➔ 5.24−3.27=1.97

7 1.46>0.97이므로 지은이네 집에서 공원이 1.46−0.97=0.49 (km) 더 가깝습니다.

17 일차

개념 확인 74~75쪽

1 (1) 126, 1.26
(2) 185 / 245, 2.45
(3) 712 / 480 / 232, 2.32
(4) 850 / 268 / 582, 5.82

2 (1) 4.37 (2) 3.23

(3) $\begin{array}{r} \overset{5}{\cancel{6}}.\overset{10}{4}\ 5 \\ -\ 2.7\ 0 \\ \hline 3.7\ 5 \end{array}$ (4) $\begin{array}{r} 8.\overset{6}{\cancel{7}}\ \overset{10}{0} \\ -\ 5.4\ 2 \\ \hline 3.2\ 8 \end{array}$

(5) $\begin{array}{r} \overset{6}{\cancel{7}}.\overset{10}{2}\ 6 \\ -\ 3.3 \\ \hline 3.9\ 6 \end{array}$ (6) $\begin{array}{r} 9.\overset{5}{\cancel{6}}\ \overset{10}{} \\ -\ 2.4\ 9 \\ \hline 7.1\ 1 \end{array}$

(7) $\begin{array}{r} \overset{6}{\cancel{7}}.\overset{13}{\cancel{4}}\ \overset{10}{} \\ -\ 0.5\ 6 \\ \hline 6.8\ 4 \end{array}$ (8) $\begin{array}{r} \overset{4}{\cancel{5}}.\overset{12}{\cancel{3}}\ \overset{10}{} \\ -\ 1.9\ 7 \\ \hline 3.3\ 3 \end{array}$

기본 다지기 76~77쪽

1 (1) $\begin{array}{r} 0.8\ 6 \\ -\ 0.4 \\ \hline 0.4\ 6 \end{array}$ (2) $\begin{array}{r} \overset{3}{\cancel{4}}.\overset{12}{\cancel{3}}\ \overset{10}{} \\ -\ 1.5\ 7 \\ \hline 2.7\ 3 \end{array}$

2 (1) 2.34 (2) 3.25
(3) 1.83 (4) 4.52
(5) 4.98 (6) 2.79

3 (1) 4.12 (2) 2.87

4 (1) 2.74 (2) 3.58

5 3.72 6 현수

7 5.8−3.26=2.54 / 2.54

1 소수점의 자리를 맞추어 세로로 쓴 다음 자연수의 뺄셈과 같이 계산합니다. 이때 소수점은 그대로 내려 씁니다.

2 (1) $\begin{array}{r} 3.5\ 4 \\ -\ 1.2 \\ \hline 2.3\ 4 \end{array}$ (2) $\begin{array}{r} 5.\overset{8}{\cancel{9}}\ \overset{10}{} \\ -\ 2.6\ 5 \\ \hline 3.2\ 5 \end{array}$

(3) $\begin{array}{r} \overset{6}{\cancel{7}}.\overset{13}{\cancel{4}}\ \overset{10}{} \\ -\ 5.5\ 7 \\ \hline 1.8\ 3 \end{array}$ (4) $\begin{array}{r} \overset{7}{\cancel{8}}.\overset{10}{3}\ 2 \\ -\ 3.8 \\ \hline 4.5\ 2 \end{array}$

(5) $\begin{array}{r} \overset{8}{\cancel{9}}.\overset{10}{2}\ 8 \\ -\ 4.3 \\ \hline 4.9\ 8 \end{array}$ (6) $\begin{array}{r} \overset{5}{\cancel{6}}.\overset{16}{\cancel{7}}\ \overset{10}{} \\ -\ 3.9\ 1 \\ \hline 2.7\ 9 \end{array}$

3 (1) $\begin{array}{r} 4.\overset{5}{\cancel{6}}\ \overset{10}{} \\ -\ 0.4\ 8 \\ \hline 4.1\ 2 \end{array}$ (2) $\begin{array}{r} \overset{5}{\cancel{6}}.\overset{10}{2}\ 7 \\ -\ 3.4 \\ \hline 2.8\ 7 \end{array}$

주의 소수점의 자리를 맞추어 같은 자리 수끼리 뺍니다. 받아내림에 주의하여 계산합니다.

4 (1) 5.34−2.6=2.74

참고 $\begin{array}{r} \overset{4}{\cancel{5}}.\overset{10}{3}\ 4 \\ -\ 2.6 \\ \hline 2.7\ 4 \end{array}$

(2) 7.3−3.72=3.58

참고 $\begin{array}{r} \overset{6}{\cancel{7}}.\overset{12}{\cancel{3}}\ \overset{10}{} \\ -\ 3.7\ 2 \\ \hline 3.5\ 8 \end{array}$

5 □+5.38=9.1
➔ 9.1−5.38=□, □=3.72
참고 ■+▲=● ➔ ●−▲=■

6 은미: 2.4−1.35=1.05
희진: 9.45−6.7=2.75

7 (더 부어야 할 물의 양)
=(물통의 들이)−(물통에 들어 있는 물의 양)
=5.8−3.26=2.54 (L)

18 일차

마무리 하기 78~81쪽

1	47 / 28 / 75, 7.5		
2	1.6	3	8.47
4	$\begin{array}{r} {\scriptstyle 2\ 10} \\ \not{3}.4\ 2 \\ -\ 1.8\ \ \\ \hline 1.6\ 2 \end{array}$	5	3.7
6	1.66	7	7.97, 2.63
8	(1) $<$		(2) $=$
9	6.15	10	7.47
11	4.95	12	38.1 kg
13	2.86 kg		

1 4.7+2.8은 0.1이 모두 47+28=75(개)이므로 7.5입니다.

2 색칠한 부분의 차는 0.1이 16개이므로 4.2−2.6=1.6입니다.

3
$$\begin{array}{r} {\scriptstyle 1}\ \ \ \ \ \\ 3.8\ 2 \\ +\ 4.6\ 5 \\ \hline 8.4\ 7 \end{array}$$

4 소수점의 자리를 맞추어 같은 자리 수끼리 계산해야 합니다.

5 8.6+□=12.3
→ 12.3−8.6=□, □=3.7

참고 ■+▲=★

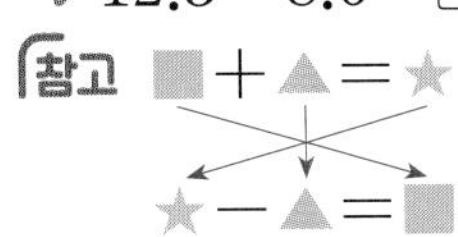

★−▲=■

6 0.01이 253개인 수는 2.53입니다.
→ 2.53보다 0.87만큼 더 작은 수는 2.53−0.87=1.66입니다.

7 합: 2.67+5.3=7.97
차: 5.3−2.67=2.63

주의 소수점의 자리를 맞추어 계산해야 하므로 숫자끼리 맞추어 계산하지 않도록 주의합니다.

8 (1) 6.7+3.62=10.32,
4.83+5.8=10.63
→ 10.32<10.63

(2) 9.35−2.8=6.55,
7.8−1.25=6.55
→ 계산 결과가 같습니다.

9 5.4>3.9>2.36>0.75이므로 가장 큰 수는 5.4, 가장 작은 수는 0.75입니다.
→ 5.4+0.75=6.15

10 작은 눈금 한 칸은 0.01을 나타내므로 ㉠은 3.68, ㉡은 3.79입니다.
→ ㉠+㉡=3.68+3.79=7.47

11 수 카드를 한 번씩 모두 사용하여 만들 수 있는 소수 두 자리 수는 □.□□입니다.
만들 수 있는 가장 큰 소수 두 자리 수는 8.53,
가장 작은 소수 두 자리 수는 3.58입니다.
→ 8.53−3.58=4.95

참고 수 카드로 소수를 만들 때 가장 큰 수는 높은 자리에 큰 수부터 차례로 놓고 가장 작은 수는 높은 자리에 작은 수부터 차례로 놓아 만듭니다.

12 (민호 형의 몸무게)
=(민호의 몸무게)+5.5
=32.6+5.5=38.1 (kg)

13 (옥수수의 무게)
=(옥수수가 들어 있는 바구니의 무게)
−(빈 바구니의 무게)
=3.26−0.4=2.86 (kg)

19 일차

개념 확인 82~83쪽

1 (1) (위에서부터) 7.7, 7.7
(2) (위에서부터) 11.76, 9.23, 11.76
(3) (위에서부터) 12.27, 7.56, 12.27
(4) (위에서부터) 8.866, 8.39, 8.866
(5) (위에서부터) 5.658, 4.458, 5.658
(6) (위에서부터) 9.634, 4.154, 9.634

2 (1) 6.9 (2) 8.79

(3)
$$\begin{array}{r} \scriptstyle 1 \quad\quad\; \\ 3.690 \\ 0.031 \\ +\,4.100 \\ \hline 7.821 \end{array}$$

(4)
$$\begin{array}{r} \scriptstyle 2 \quad\quad\; \\ 2.701 \\ 3.520 \\ +\,0.835 \\ \hline 7.056 \end{array}$$

(5)
$$\begin{array}{r} \scriptstyle 1 \quad\quad\; \\ 1.71 \\ 2.5 \\ +\,1.283 \\ \hline 5.493 \end{array}$$

(6)
$$\begin{array}{r} \scriptstyle 1 \;\; 1 \quad\; \\ 3.56 \\ 3.534 \\ +\,1.17 \\ \hline 8.264 \end{array}$$

1 세 수의 덧셈은 앞에서부터 두 수씩 차례로 더합니다.

2 세 수를 소수점의 자리를 맞추어 한 번에 세로로 쓰고 계산합니다.

주의 세 수를 한 번에 더할 때 소수점의 자리를 맞추어 써서 같은 자리끼리 계산해야 합니다.

기본 다지기 84~85쪽

1 (1) 4.7, 13.2 (2) 2.16, 5.94
(3) 4.29, 10.59

2 (1)
$$\begin{array}{r} 0.24 \\ 3.152 \\ +\,1.3 \\ \hline 4.692 \end{array}$$

(2)
$$\begin{array}{r} \scriptstyle 1\;\;1 \quad \\ 0.7 \\ 1.84 \\ +\,4.37 \\ \hline 6.91 \end{array}$$

(3)
$$\begin{array}{r} \scriptstyle 1\;\;1 \quad\;\; \\ 2.39 \\ 1.6 \\ +\,4.563 \\ \hline 8.553 \end{array}$$

3 (선 잇기) 4 10.01

5 (1) 12.73 (2) 15.247

6 1.34+1.5+0.72=3.56 / 3.56

1 세 수의 덧셈은 앞에서부터 두 수씩 차례로 더합니다.

2 세 수를 소수점의 자리를 맞추어 한 번에 세로로 쓰고 계산합니다.

3 •$3.4+1.56+0.2=4.96+0.2=5.16$
•$2.73+1.81+0.61=4.54+0.61$
$=5.15$

4 $1.54+3.67+4.8=5.21+4.8$
$=10.01$

다른 풀이

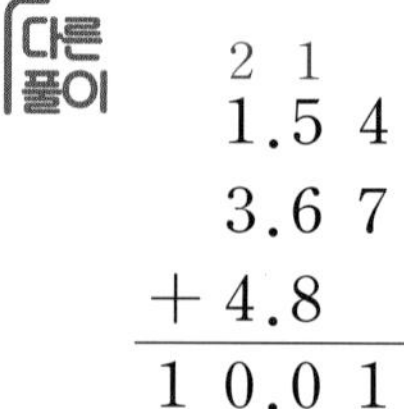

5 (1) $6.45+2.7+3.58=9.15+3.58$
$=12.73$
(2) $9.4+1.63+4.217=11.03+4.217$
$=15.247$

6 (3일 동안 달린 거리)
$=1.34+1.5+0.72$
$=2.84+0.72=3.56$ (km)

20 일차

개념 확인

86~87쪽

1 (1) (위에서부터) 6.8, 6.8
(2) (위에서부터) 4.3, 7.5, 4.3
(3) (위에서부터) 5.7, 8.2, 5.7
(4) (위에서부터) 5.41, 7.93, 5.41
(5) (위에서부터) 5.63, 6.75, 5.63
(6) (위에서부터) 7.46, 8.92, 7.46

2 (1) 1.305 /

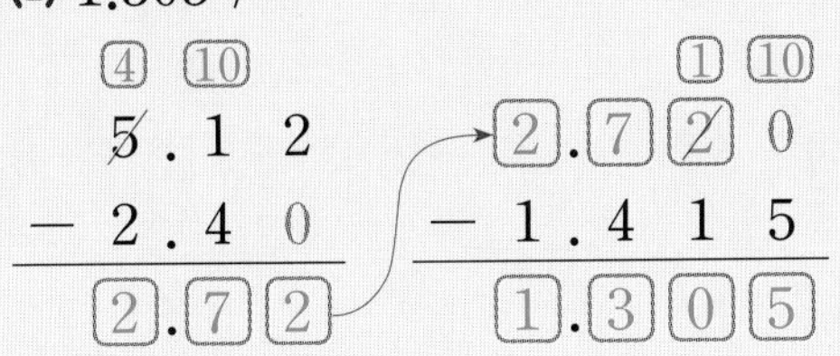

(2) 3.158 /

$8.348 - 1.600 = 6.748$ → $6.748 - 3.590 = 3.158$

(3) 6.528 /

$9.700 - 0.362 = 9.338$ → $9.338 - 2.810 = 6.528$

기본 다지기

88~89쪽

1 (1) 6.1, 4.8 (2) 6.13, 2.67

2 (1) 1.4 (2) 2.94
(3) 2.704 (4) 3

3 | ○ | |

4 (1) 4.56 (2) 3.93

5 (계산 결과부터) 5.324, 5.564, 5.796
/ 좌, 우, 명

6 하준

7 $3.2-0.78-1.4=1.02$ / 1.02

---

1 (1) $6.3 - 0.2 = 6.1$ → $6.1 - 1.3 = 4.8$

(2) $8.63 - 2.5 = 6.13$ → $6.13 - 3.46 = 2.67$

2 (1) $4.3-2.4-0.5=1.9-0.5=1.4$
(2) $6.97-1.84-2.19=5.13-2.19$
$=2.94$
(3) $8.734-3.4-2.63=5.334-2.63$
$=2.704$
(4) $12.73-5.83-3.9=6.9-3.9=3$

4 (1) $7.74-0.68-2.5=4.56$

$7.74 - 0.68 = 7.06$ → $7.06 - 2.5 = 4.56$

(2) $13.92-6.7-3.29=3.93$

$13.92 - 6.7 = 7.22$ → $7.22 - 3.29 = 3.93$

5 • $9.54-4.216=5.324$ → 좌
• $9.724-2.36-1.8=7.364-1.8$
$=5.564$ → 우
• $7.38-1.584=5.796$ → 명

참고 완성한 단어 "좌우명(座右銘)"은 늘 자리 옆에 갖추어 두고 가르침으로 삼는 말이나 문구를 말합니다.

6 채원: $8.24-3.82-1.635$
$=4.42-1.635=2.785$
하준: $9.6-2.57-3.69$
$=7.03-3.69=3.34$ → $2.785<3.34$

7 (남은 색 테이프의 길이)
=(처음 색 테이프의 길이)
−(선물을 포장하는 데 사용한 길이)
−(꽃 장식을 만드는 데 사용한 길이)
$=3.2-0.78-1.4$
$=2.42-1.4=1.02$ (m)

개념 확인 90~91쪽

1 (1) (위에서부터) 2.8, 3.7, 2.8
(2) (위에서부터) 6.4, 1.9, 6.4
(3) (위에서부터) 8.6, 10.2, 8.6
(4) (위에서부터) 1.27, 2.51, 1.27
(5) (위에서부터) 4.15, 2.78, 4.15
(6) (위에서부터) 9.7, 7.02, 9.7

2 (1) 5.065 /

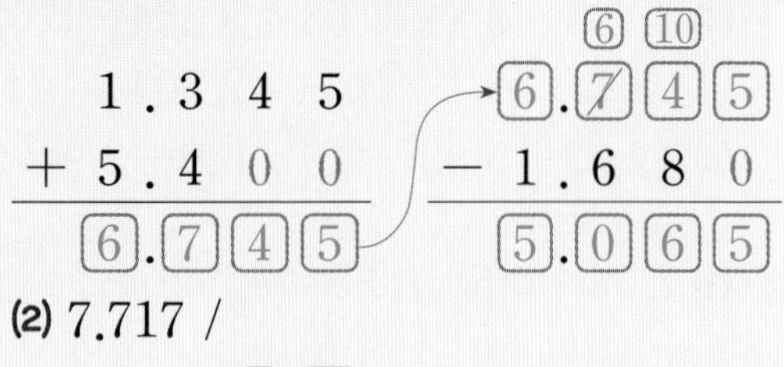

(2) 7.717 /

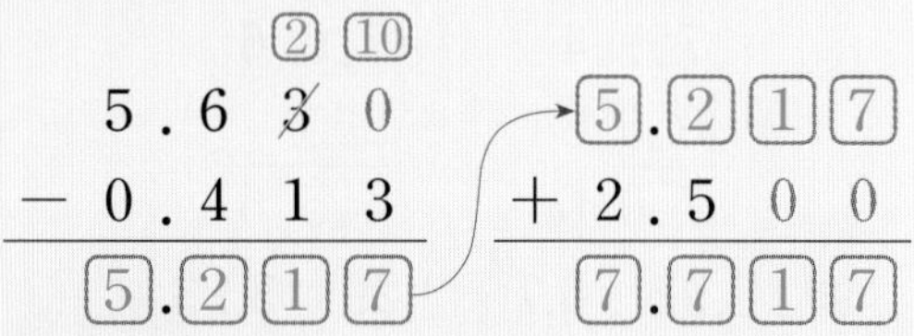

(3) 5.838 /

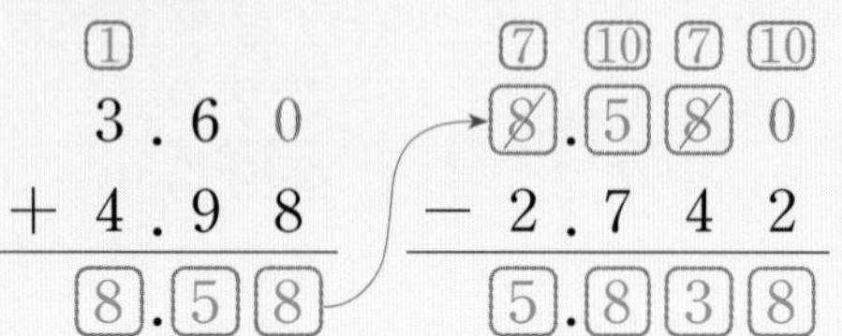

기본 다지기 92~93쪽

1 (1) $7.4+5.2-6.1=6.5$
12.6
6.5
(2) $7.461-4.8+1.58=4.241$
2.661
4.241
(3) $3.59+1.6-0.75=4.44$
5.19
4.44

2 (1) 3.8 (2) 4.01
(3) 2.312 (4) 5.565

3 (1) 3.1 (2) 5.727

4 (앞에서부터) 4.043, 0.933, 4.283

5 (1) $<$ (2) $>$ (3) $>$

6 $0.74+2.5-1.25=1.99$ / 1.99

2 (1) $4.8+2.5-3.5=7.3-3.5=3.8$
(2) $5.32-2.78+1.47=2.54+1.47$
$=4.01$
(3) $1.65+3.462-2.8=5.112-2.8$
$=2.312$
(4) $8.49-4.425+1.5=4.065+1.5$
$=5.565$

3 (1) $4.2-1.7+0.6=2.5+0.6=3.1$
(2) $6.507+2.8-3.58=9.307-3.58$
$=5.727$

4

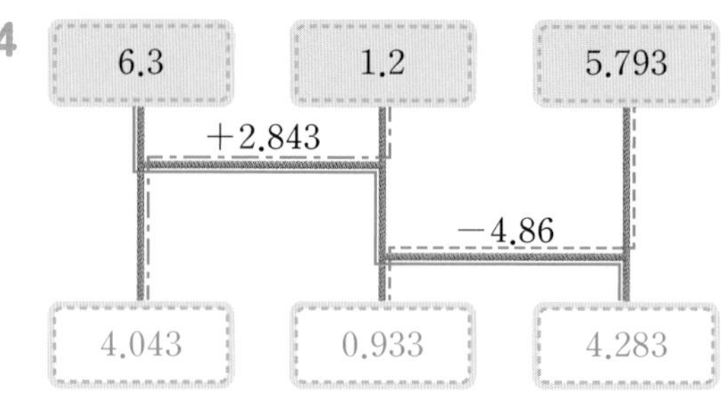

• $6.3+2.843-4.86=9.143-4.86$
$=4.283$
• $1.2+2.843=4.043$
• $5.793-4.86=0.933$

5 (1) $6.32-4.5+2.73$
$=1.82+2.73=4.55$ ➔ $4.55<5$
(2) $5.16+2.8-3.594$
$=7.96-3.594=4.366$ ➔ $4.366>4$
(3) $4.23+1.784-3.76$
$=6.014-3.76=2.254$ ➔ $2.254>2.2$

6 (남은 포도주스의 양)
=(포도 원액의 양)+(물의 양)
−(마신 포도주스의 양)
$=0.74+2.5-1.25$
$=3.24-1.25=1.99$ (L)

22 일차

개념 확인 94~95쪽

1 (1) $>$, 6 (2) $<$, 7
(3) $=$, 23 (4) $>$, 53
(5) $>$, 0.8 (6) $<$, 1.3
(7) $<$, 0.67 (8) $<$, 2.46

2 (1) $<$ (2) $>$ (3) $<$
(4) $<$ (5) $>$

1 (1)~(4) 분모가 같으면 분자가 클수록 더 큰 수입니다.
(5)~(8) 소수점의 자리를 맞추고 높은 자리의 수부터 비교합니다.

2 (1)~(3) 자연수 부분이 큰 수가 더 큽니다.
(4) $3\frac{3}{10}=3.3$이므로 $3.104<3.3$입니다.
$\rightarrow 3.104<3\frac{3}{10}$
(5) $2\frac{4}{10}=2.4$이므로 $2.48>2.4$입니다.
$\rightarrow 2.48>2\frac{4}{10}$

기본 다지기 96~97쪽

1 (1) $>$ / 예

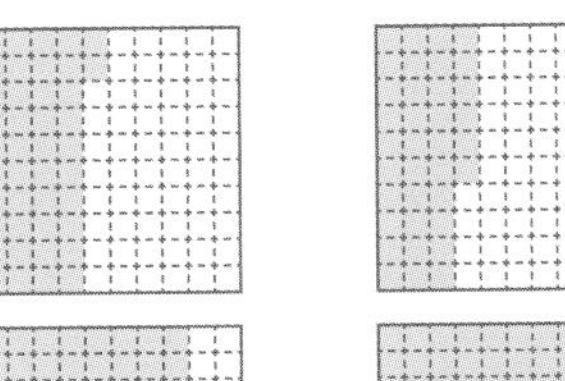

(2) $<$ / 예

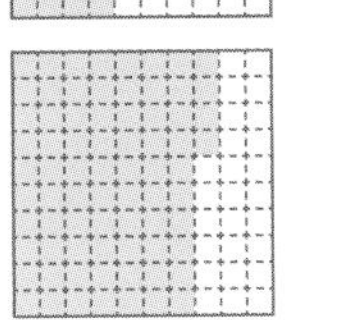

2 (1) 5, $<$ / 0.6, $<$
(2) $\frac{87}{100}$, $>$ / 0.93, $>$

3 (1) 2.7에 ○표 (2) $3\frac{46}{100}$에 ○표

4 (1) $<$ (2) $>$
(3) $=$ (4) $>$

5 (1) 5.37 (2) $5\frac{74}{100}$

6 $6\frac{8}{10}$에 색칠 7 빨간색 색연필

1 (1) 색칠한 칸 수를 비교하면 0.42가 $\frac{36}{100}$보다 더 많으므로 $0.42>\frac{36}{100}$입니다.
(2) 색칠한 칸 수를 비교하면 0.74가 $\frac{81}{100}$보다 더 적으므로 $0.74<\frac{81}{100}$입니다.

3 (1) $2<4 \rightarrow 2.7<4\frac{9}{10}$
(2) $3\frac{46}{100}=3.46 \rightarrow 3\frac{46}{100}<3.52$

4 (1) $2<3 \rightarrow 2\frac{4}{10}<3.2$
(2) $4>3 \rightarrow 4\frac{57}{100}>3.6$
(3) $3\frac{52}{100}=3.52$
(4) $5\frac{38}{100}=5.38 \rightarrow 5.6>5\frac{38}{100}$

5 (1) $5>3 \rightarrow 5.37>3\frac{84}{100}$
(2) $5\frac{74}{100}=5.74 \rightarrow 5\frac{74}{100}>5.58$

6 자연수 부분을 비교하면 $4<6$이므로 4.92가 가장 작습니다.
$6\frac{8}{10}=6.8$이고 $6.8>6.34$이므로 ($8>3$)
$6\frac{8}{10}>6.34$입니다.
따라서 가장 큰 수는 $6\frac{8}{10}$입니다.

7 $8\frac{36}{100}=8.36$이고 $8.4>8.36$이므로 ($4>3$)
$8.4>8\frac{36}{100}$입니다.
따라서 빨간색 색연필의 길이가 더 깁니다.

23 일차

개념 확인 98~99쪽

1 (1) 2, 5 (2) 7, 12, 2, $8\frac{2}{10}$

(3) 28, 5, 63, $5\frac{63}{100}$

(4) $2\frac{14}{100}$, 8, 92, $8\frac{92}{100}$

2 (1) 4.7 (2) 5.6, 7.5

(3) 1.24, 3.99 (4) 1.42, 4.35

(5) 8.64, 32.21

1 분수와 소수의 덧셈은 소수를 분수로 바꾸어 계산할 수 있습니다. 이때 소수를 분수와 분모가 같은 분수로 바꾸어 계산합니다.

2 분수와 소수의 덧셈은 분수를 소수로 바꾸어 계산할 수 있습니다. 이때 소수점의 자리를 맞추어 계산합니다.

기본 다지기 100~101쪽

1 (1) $4\frac{3}{10}+2.4=4\frac{3}{10}+2\frac{4}{10}$

$=6\frac{7}{10}$

(2) $5.22+1\frac{27}{100}=5\frac{22}{100}+1\frac{27}{100}$

$=6\frac{49}{100}$

(3) $2.6+1\frac{9}{10}=2\frac{6}{10}+1\frac{9}{10}$

$=3\frac{15}{10}=4\frac{5}{10}$

2 (1) $3\frac{1}{10}+4.8=3.1+4.8=7.9$

(2) $1.74+4\frac{53}{100}=1.74+4.53$

$=6.27$

(3) $2\frac{56}{100}+3.28=2.56+3.28$

$=5.84$

3 (1) 8.2

(2) 4.37

4 (선 잇기)

5 (1) 2.1 또는 $2\frac{1}{10}$

(2) 7.18 또는 $7\frac{18}{100}$

6 4.41 또는 $4\frac{41}{100}$

7 $0.45+\frac{38}{100}=0.83\left(=\frac{83}{100}\right)$

/ 0.83 또는 $\frac{83}{100}$

3 분수를 소수로 바꾸어 계산합니다.

(1) $3.8+4\frac{4}{10}=3.8+4.4=8.2$

(2) $2\frac{73}{100}+1.64=2.73+1.64=4.37$

4 소수를 분수로 바꾸어 계산합니다.

- $8\frac{3}{10}+2.4=8\frac{3}{10}+2\frac{4}{10}=10\frac{7}{10}$
- $4.1+6\frac{7}{10}=4\frac{1}{10}+6\frac{7}{10}=10\frac{8}{10}$

5 (1) $0.4+1\frac{7}{10}=0.4+1.7$

$=2.1\left(=2\frac{1}{10}\right)$

(2) $2.46+4\frac{72}{100}=2.46+4.72$

$=7.18\left(=7\frac{18}{100}\right)$

참고 소수를 분수로 바꾸거나 분수를 소수로 바꾸어 계산합니다.

6 $1.57+2\frac{84}{100}=1.57+2.84$

$=4.41\left(=4\frac{41}{100}\right)$

7 분수를 소수로 바꾸어 계산합니다.

→ (두 사람이 마신 우유의 양)

=(지후가 마신 우유의 양)

+(연주가 마신 우유의 양)

$=0.45+\frac{38}{100}=0.45+0.38$

$=0.83$ (L)

다른 풀이 소수를 분수로 바꾸어 계산합니다.

$0.45+\frac{38}{100}=\frac{45}{100}+\frac{38}{100}=\frac{83}{100}$ (L)

개념 확인

102~103쪽

1 (1) 8, $1\frac{2}{10}$

(2) $3\frac{5}{10}$, 12, $3\frac{5}{10}$, $5\frac{7}{10}$

(3) 43, 143, $3\frac{75}{100}$

(4) $4\frac{78}{100}$, 113, $4\frac{78}{100}$, $5\frac{35}{100}$

2 (1) 1.7, 1.3 (2) 1.6, 3.5

(3) 8.76, 4.41 (4) 2.69, 4.16

(5) 11.28, 5.84

1 분수와 소수의 뺄셈은 소수를 분수로 바꾸어 계산할 수 있습니다. 이때 소수를 분수와 분모가 같은 분수로 바꾸어 계산합니다.

2 분수와 소수의 뺄셈은 분수를 소수로 바꾸어 계산할 수 있습니다. 이때 소수점의 자리를 맞추어 계산합니다.

기본 다지기

104~105쪽

1 (1) $4\frac{9}{10}-3.2=4\frac{9}{10}-3\frac{2}{10}$
$=1\frac{7}{10}$

(2) $7.77-5\frac{56}{100}=7\frac{77}{100}-5\frac{56}{100}$
$=2\frac{21}{100}$

(3) $3.4-1\frac{6}{10}=3\frac{4}{10}-1\frac{6}{10}$
$=2\frac{14}{10}-1\frac{6}{10}=1\frac{8}{10}$

2 (1) $4\frac{6}{10}-2.4=4.6-2.4=2.2$

(2) $8\frac{76}{100}-3.29=8.76-3.29$
$=5.47$

(3) $4.43-1\frac{67}{100}=4.43-1.67$
$=2.76$

3 (1) $3\frac{6}{10}$ (2) $1\frac{21}{100}$

4 세영 5 5.2, 1.3

6 $1.63-1\frac{27}{100}=0.36\left(=\frac{36}{100}\right)$
/ 0.36 또는 $\frac{36}{100}$

3 소수를 분수로 바꾸어 계산합니다.

(1) $8.9-5\frac{3}{10}=8\frac{9}{10}-5\frac{3}{10}=3\frac{6}{10}$

(2) $6\frac{39}{100}-5.18=6\frac{39}{100}-5\frac{18}{100}$
$=1\frac{21}{100}$

4 서진: $5.43-2\frac{16}{100}=5\frac{43}{100}-2\frac{16}{100}$
$=3\frac{27}{100}$

세영: $7\frac{36}{100}-4.72=7.36-4.72=2.64$

➔ 계산을 바르게 한 사람은 세영입니다.

5 분수를 소수로 바꾸어 계산합니다.

$6\frac{93}{100}-1.73=6.93-1.73=5.2$

➔ $5.2-3\frac{9}{10}=5.2-3.9=1.3$

참고 $6.93-1.73=5.2\not{0}$
소수의 덧셈과 뺄셈의 계산 결과에서 소수점 오른쪽 끝자리 숫자가 0인 경우에는 0을 생략하여 나타냅니다.

6 분수를 소수로 바꾸어 계산합니다.
(진우네 집에서 서점까지 가는 거리)
−(진우네 집에서 학교까지 가는 거리)
$=1.63-1\frac{27}{100}=1.63-1.27$
$=0.36$ (km)

다른 풀이 소수를 분수로 바꾸어 계산합니다.
(진우네 집에서 서점까지 가는 거리)
−(진우네 집에서 학교까지 가는 거리)
$=1.63-1\frac{27}{100}=1\frac{63}{100}-1\frac{27}{100}$
$=\frac{36}{100}$ (km)

마무리 하기

106~109쪽

1 (1) (위에서부터) 3.77, 7.04, 3.77
(2) (위에서부터) 5.189, 3.62, 5.189

2 (1) $<$ (2) $>$

3 (1) 8.89 (2) 2.3

4 정우

5 (1) 7.61
(2) 2.14

6 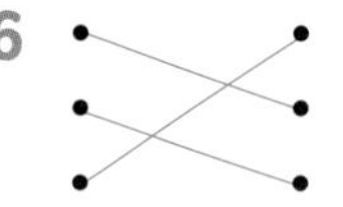

7 7.82에 ○표, $6\frac{9}{10}$에 △표

8 광준

9 8.82 또는 $8\frac{82}{100}$

10 4.24 m

11 6.3 kg 또는 $6\frac{3}{10}$ kg

12 2.05 km 또는 $2\frac{5}{100}$ km

1 세 소수의 덧셈과 뺄셈은 앞에서부터 두 수씩 차례로 계산합니다.

2 (1) $5<6$이므로 $5.43<6\frac{6}{10}$입니다.
(2) $7\frac{52}{100}=7.52$이고 $7.\underline{6}>7.\underline{5}2$이므로 ($6>5$)
$7.6>7\frac{52}{100}$입니다.

3 (1) $5.41+2.16+1.32=7.57+1.32$
$=8.89$
(2) $9.93-4.13-3.5=5.8-3.5=2.3$

4 세 수의 뺄셈은 앞에서부터 두 수씩 차례로 계산해야 합니다.

5 분수를 소수로 바꾸어 계산합니다.
(1) $2\frac{67}{100}+4.94=2.67+4.94=7.61$
(2) $6.52-4\frac{38}{100}=6.52-4.38=2.14$

6 • $2.42+1.25-1.32=3.67-1.32$
$=2.35$
• $7.95-3.49+5.18=4.46+5.18$
$=9.64$
• $4.26+3.51-6.53=7.77-6.53$
$=1.24$

7 자연수의 크기를 비교하면 $6<7$이므로 $6\frac{9}{10}$가 가장 작습니다.
남은 세 수를 비교하면 $7\frac{43}{100}=7.43$이므로
$7.82>7.7>7\frac{43}{100}$입니다.
따라서 가장 큰 수는 7.82입니다.

8 **광준**: $1.3+2.56+0.72=3.86+0.72$
$=4.58$
새연: $7.48-2.36-1.8=5.12-1.8$
$=3.32$
➔ $4.58>3.32$이므로 계산 결과가 더 큰 사람은 광준입니다.

9 1이 5개, 0.1이 2개, 0.01이 8개인 수는 5.28입니다.
➔ $5.28+3\frac{54}{100}=5.28+3.54$
$=8.82\left(=8\frac{82}{100}\right)$

10 (세 사람의 키의 합)$=1.33+1.41+1.5$
$=2.74+1.5$
$=4.24$ (m)

11 (현수와 지수가 캔 감자의 무게의 합)
$=4\frac{7}{10}+1.6=4.7+1.6$
$=6.3\left(=6\frac{3}{10}\right)$ (kg)

12 (새로 만든 논의 가로의 길이)
$=$(처음 논의 가로의 길이)$-1\frac{73}{100}$
$=3.78-1\frac{73}{100}=3.78-1.73$
$=2.05\left(=2\frac{5}{100}\right)$ (km)

메모

메모

1권

초등학교 3~4학년

초등학교

학년 반 이름

초등학교에서 탄탄하게 닦아 놓은
공부력이 중·고등 학습의 실력을 가릅니다.

하루한장 쏙셈

쏙셈 시작편
초등학교 입학 전 연산 시작하기
[2책] 수 세기, 셈하기

쏙셈
교과서에 따른 수·연산·도형·측정까지 계산력 향상하기
[12책] 1~6학년 학기별

쏙셈+플러스
문장제 문제부터 창의·사고력 문제까지 수학 역량 키우기
[12책] 1~6학년 학기별

쏙셈 분수·소수
3~6학년 분수·소수의 개념과 연산 원리를 집중 훈련하기
[분수 2책, 소수 2책] 3~6학년 학년군별

하루한장 한국사

큰별★쌤 최태성의 한국사
최태성 선생님의 재미있는 강의와 시각 자료로
역사의 흐름과 사건을 이해하기
[3책] 3~6학년 시대별

하루한장 한자

그림 연상 한자로 교과서 어휘를 익히고 급수 시험까지 대비하기
[4책] 1~2학년 학기별

하루한장 급수 한자

하루한장 한자 학습법으로 한자 급수 시험 완벽하게 대비하기
[3책] 8급, 7급, 6급

하루한장 ENGLISH BITE

ENGLISH BITE 알파벳 쓰기
알파벳을 보고 듣고 따라쓰며 읽기·쓰기 한 번에 끝내기
[1책]

ENGLISH BITE 파닉스
자음과 모음 결합 과정의 발음 규칙 학습으로
영어 단어 읽기 완성
[2책] 자음과 모음, 이중자음과 이중모음

ENGLISH BITE 사이트 워드
192개 사이트 워드 학습으로 리딩 자신감 키우기
[2책] 단계별

ENGLISH BITE 영문법
문법 개념 확인 영상과 함께 영문법 기초 실력 다지기
[Starter 2책 , Basic 2책] 3~6학년 단계별

ENGLISH BITE 영단어
초등 영어 교육과정의 학년별 필수 영단어를
다양한 활동으로 익히기
[4책] 3~6학년 단계별